はじめて使う
弥生会計
オンライン

株式会社ス

JN061972

C&R研究所

■権利について

● 弥生会計 オンラインは、弥生株式会社の登録商標です。

● 本書に記述されている製品名は、一般に各メーカーの商標または登録商標です。なお、本書では™、©、®は割愛しています。

■本書の内容について

● 本書は著者・編集者が実際に操作した結果を慎重に検討し、著述・編集しています。ただし、本書の記述内容に関わる運用結果にまつわるあらゆる損害・障害につきましては、一切の責任を負いませんのであらかじめご了承ください。

● 本書で紹介している各操作の画面は、「Windows 10（日本語版）」と「弥生会計 オンライン」を基本にしています。他のOSやバージョンをお使いの環境では、画面のデザインや操作が異なる場合がございますので、あらかじめご了承ください。

● 本書で紹介している各操作および画面は、書籍制作時の情報をもとにしているため、実際の「弥生会計 オンライン」と操作方法や画面が異なっている場合があります。また、今後、弥生株式会社から提供されるアップデートなどにより、画面の内容や操作方法が変更になる場合もあります。あらかじめご了承ください。

●本書の内容についてのお問い合わせについて

　この度はC&R研究所の書籍をお買いあげいただきましてありがとうございます。本書の内容に関するお問い合わせは、「書名」「該当するページ番号」「返信先」を必ず明記の上、C&R研究所のホームページ（https://www.c-r.com/）の右上の「お問い合わせ」をクリックし、専用フォームからお送りいただくか、FAXまたは郵送で次の宛先までお送りください。お電話でのお問い合わせや本書の内容とは直接的に関係のない事柄に関するご質問にはお答えできませんので、あらかじめご了承ください。

〒950-3122 新潟県新潟市北区西名目所4083-6
株式会社 C&R研究所　編集部
FAX 025-258-2801
『はじめて使う 弥生会計オンライン』サポート係

☁ はじめに

　新型コロナウイルスの対策をきっかけに、働く場所を選ばない働き方が浸透してきており、法令改正も後押しして電子化やペーパーレス化が急速に拡大しています。

　令和2年分の確定申告からは、青色申告特別控除額の限度額が引き下げられましたが、電子申告もしくは電子帳簿保存を行うことを条件に従来の青色申告特別控除額を適用することができます。また、令和4年の1月から施行された電子帳簿保存法の改正でも、IT化やDX（デジタルトランスフォーメーション）化が進む昨今、全ての帳簿や証憑を紙で保存する非効率さを鑑みて、電子帳簿の保存要件が大幅に緩和されています。

　弥生会計は、業務ソフト・申告ソフト部門では圧倒的なシェアを占め、一番使われている会計ソフトです。弥生会計オンラインは、会計業務に必要な機能だけをシンプルに搭載し、かんたんに利用できるクラウドシステムです。

　簿記や会計をよく知らない方でも安心して利用できるアシスト機能もあり、入力をサポートします。また、スマート取引取込を活用して銀行やカード情報を取り込みすることや、領収書等のスキャンデータの取り込みやスマートフォンアプリと連携した経費精算など、入力の効率化やペーパーレス化のツールが提供されています。自動取り込みやペーパーレス化は今後もどんどん進んでいくと思います。効率化に向けてうまくシステムを利用していきたいですね。

　本書では、弥生会計 オンラインをはじめて使う方に向けて、一通りの操作から説明しています。経理処理に慣れていない方からよく質問を受ける点などを中心に、実務的なワンポイントや税理士からのアドバイスも盛り込んでおります。少しでも皆様の会計実務にお役立ていただけると嬉しく思います。

　本書の執筆に際して、多大なご協力を賜りました弥生株式会社の皆様、株式会社C&R研究所の皆様、この場をお借りして厚く御礼申し上げます。

　令和3年12月　　　　　　　　　　　　　　　　株式会社スリーエス

本書の読み方・特長

本書の特長と各ページのレイアウトは、次のようになっています。

特長1
見やすいタイトル
各セクションの内容
をわかりやすく紹介
しています。

SECTION
19
「かんたん取引入力」の
操作手順

「かんたん取引入力」は、経理が未経験の方でも入力や操作がしやすいように画面構成されています。どの科目を使えばいいかわからない場合は、取引例(仕訳例)を検索して探すこともできます。

それでは、実務上の取引事例を使って入力の手順を解説します。

特長2
操作のポイントが
わかる見出し
操作の区切りごとに
中見出しのタイトル
があるので、ステップ
ごとに理解できる。

■「支出」取引の入力と登録

仕入や経費などの支出にかかる取引を入力します。支出の日常取引をいくつか入力してみましょう。

<例題①>10月1日　プリンター用トナー・インク 2,640円(税込)を現金で購入した。(消耗品)

1 「支出」タブをクリックし、「取引日」は、カレンダーから選択するか、西暦を含めて8桁の数字で日付を入力します。スラッシュキー「/」の入力は不要です。

特長3
丁寧な操作解説
1クリックごとに吹
き出しで説明してい
るので、初心者でも迷
わずに操作できます。

2 「科目」以降の取引手順欄を順に入力していきます。頻繁に発生する取引を[よく使う取引]に登録しておくと、あとで入力に手間がかからず便利です。初めての取引でイメージがしづらい場合は、[取引例を探す]ボタンをクリックすると、どんな内容の取引だったのか、キーワードを入力して検索することができます。今回はトナー・インクを購入した取引なので、表示名に「トナー」と入力して取引を検索し、[選択]ボタンをクリックします。

特長4
操作手順の番号で
迷わない
操作手順ごとに番号
があるので、どこまで
進んだのか確認しや
すいです。

SECTION 19 ■「かんたん取引入力」の操作手順

2 「トナー」と入力する

1 [取引例を探す]
ボタンをクリック

表示名には、トナー・インクの購入と
表示され、取引内容の科目の部分には
消耗品費（勘定科目名）と表示される

あらかじめ用意
された取引例に
は何の取引であ
るかの説明が表
示されます

3 クリック

4 取引を入力してみよう

特長5

理解を助ける
税理士のアドバイス

操作の随所で、会計のプ
ロからのアドバイスが
あるので、初心者でも安
心して学べます。

3 「取引手段」は、支出取引なので現金で支払った場合、「現金」を選択しま
す。▼ボタンをクリックすると一覧が表示されるので、取引の支払方法を選択
します。

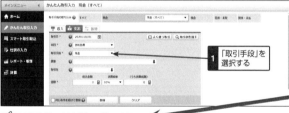

1 「取引手段」を
選択する

特長6

ワンポイント解説

テクニック的な説明
や、プラスアルファの
情報をわかりやすく
解説しています。

📝取引手段の絞り込みができる

取引日を入力する前に、画面上部の「取引手段の絞り込み」で支払方法を
選択することによって、取引手段を絞り込むことができます。

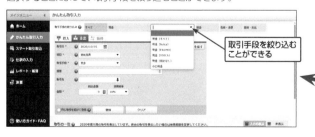

取引手段を絞り込む
ことができる

特長7

オールカラー画面
で見やすい

操作方法がわかりや
すいように、全ページ
オールカラーの画面
で解説しているので
見やすいです。

79

CONTENTS

目次

CONTENTS

第4章　取引を入力してみよう

第5章　「スマート取引取込」を使いこなそう

CONTENTS

第6章　帳簿とレポート機能を確認しよう

第7章　決算作業を行ってみよう

第 1 章

あらかじめ知って
おきたい基礎知識

SECTION 01 弥生会計 オンラインは どんなソフトなの?

弥生会計 オンラインは、インターネットにアクセスして使用するクラウド型の会計システムです。ここでは弥生会計 オンラインの特長について説明します。

1
2
3
4
5
6
7
あらかじめ知っておきたい基礎知識

■ 弥生会計 オンラインとは

弥生会計 オンラインは、ソフトウェアをインストールして使用するデスクトップ版の会計ソフトで、シェアNo.1の弥生が提供するクラウド型会計システムです。法人専用のシステムであり、個人事業主の会計処理には対応していません。

デスクトップ版弥生会計と比較すると機能を絞ってシンプルにわかりやすい入力画面となっており、経理初心者の方や新規開業したばかりの小規模な法人に便利な機能が用意されています。部門管理や製造原価管理、消費税申告書作成機能には対応していませんので、機能が不足する場合はデスクトップ版の弥生会計を使用することをお勧めします。

▼弥生会計 オンラインのホーム画面

■ 【特長1】インストール不要! インターネットからいつでもアクセス!

インターネットに接続できる環境があれば、パソコンにソフトウエアをインストールすることなくアクセスが可能です。また、強固なセキュリティのデータセンターでデータを集中管理しているので、パソコンの盗難や災害でのデータ消失リスクに備えることができます。

■【特長2】簡単に入力できる画面やスマホアプリからの入力に対応!

まずは使ってみることを前提として、かんたんに入力できる画面が用意されています。時間や場所を選ばず、Macのパソコンやスマホアプリからも入力が可能です。

スマホやMacからでも入力できる!

■【特長3】バージョンアップ不要! いつでも最新の法令に対応!

データはデータセンターで集中管理されているので、ユーザー側でのバージョンアップやバックアップなどは不要です。いつでも最新の法令に対応しています。

いつでも最新だね!

■【特長4】データ取込などの自動取込、自動仕訳機能が充実!

領収書データをスキャンして取り込んだり、銀行のオンラインバンキングより出力した入出金データなどを取り込んで自動仕訳が可能です。仕訳変換パターンを学習する機能があり、手入力をなるべく省いて効率化することができます。

▼「スマート取引取込」の画面

1
あらかじめ知っておきたい基礎知識

■【特長5】視覚的にわかりやすいグラフで確認できる!

初期設定されているレポートは、カラフルでわかりやすいグラフで表示されており、経営分析の知識がなくても直感的に入力したところまでの状況を確認することができます。

▼弥生会計 オンラインのレポート画面

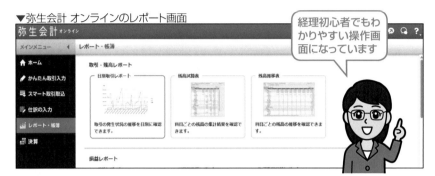

経理初心者でもわかりやすい操作画面になっています

弥生会計 オンラインとデスクトップ版弥生会計の比較

オンライン版とデスクトップ版の違いについて、次の表をご参照ください。

	オンライン版	デスクトップ版	
ソフト	弥生会計 オンライン	弥生会計 スタンダード	弥生会計 プロフェッショナル
対応OS	Windows mac対応	Windowsのみ	
インストール	不要	必要	
バージョンアップ	不要	必要	
インターネット環境	必須	オフラインでも入力は可能	
部門管理	×	×	○
製造原価	×	○	○
複数データ設定	×	×	○
個人事業主対応	×	×	○
かんたん取引入力	○	○	○
スマート取引取込	○	○	○
スマホアプリ入力	○	×	×
仕訳帳入力	○	○	○
出納帳入力	×	○	○
伝票入力	×	○	○
勘定科目登録数	1区分100件まで	無制限	
補助科目登録数	1科目100件まで	無制限	
仕訳入力行	一度に20行まで	無制限	
集計・レポート	機能限定	簡易	○
消費税申告書作成	×	○	○
勘定科目内訳書 法人事業概況説明書	×	×	○

弥生会計 オンライン連携アプリについて

口座自動連携ツールで連携できる金融機関は、法人口座で2000件以上あります。直接連携できない場合は、全銀協データなどの入出金データを取り込む機能も用意されています。領収書等のスキャンデータ取込やPOSレジアプリや経費精算アプリなど外部連携できるアプリもあります。最新の連動情報は弥生株式会社のホームページで確認することができます。

◆弥生株式会社のホームページの関連製品・サービス

URL https://www.yayoi-kk.co.jp/products/account-ol/relation/index.html

SECTION 02 「会計ソフト」って何?

ここでは、「会計ソフト」とはどんなソフトで、どのようなメリットがあるのか
を見てみましょう。

■ どうして会計ソフトを利用するの?

経理担当者の業務は、膨大な数の帳簿や伝票への記入・管理・計算などを
行うため、すべてを手書きでやっていく場合、非常に手間と時間がかかります。
また、取引で発生するさまざまな処理や資料を結び付けていくためには、簿
記や会計の専門知識が必須であり、それらを覚えるだけでも大変です。

しかし、会計ソフトを使えば、パソコンが多少苦手という人でも、あまり経
理の知識がない人でも、取引をきちんと入力さえできれば、ある程度までの
会計データを簡単に作成することができるのです。

■ 転記や計算作業をしなくても集計資料がリアルタイムで作成できる

会計ソフトを使うと、取引を入力するだけで、関係する帳簿への転記や集
計資料への反映まで自動で行うことができます。そのため、帳簿への転記間
違いや計算間違いをするリスクが軽減でき、もし入力を間違えたとしても、修
正作業は手書きの場合に比べて格段に簡単です。さらに、決算書の作成も簡
単に行うことができます。

1 あらかじめ知っておきたい基礎知識

■ データとして取り込める情報を活用できる

会計ソフトでは、銀行のバンキングデータやカード情報を取引として取り込んだり、領収書をスキャンしたデータなどを取り込んで会計データに変換する機能がどんどん進歩しています。手入力するのではなく、データを取り込むことによって入力作業を効率化し、正確な会計データとして連携することができます。

弥生のオンラインシリーズについて

弥生のオンラインシリーズには法人向け、個人事業主向けで以下の3シリーズが用意されています。

◆弥生会計 オンライン(法人専用)

部門管理や製造原価管理機能や消費税申告書作成機能はなく、シンプルな小規模法人向けの会計システムです。

◆やよいの青色申告 オンライン(個人事業主青色申告専用)

青色申告の個人事業主専用の会計システムです。農業所得の計算や製造原価科目管理は対応していません。

◆やよいの白色申告 オンライン(個人事業主白色申告専用)

白色申告の個人事業主専用の会計システムです。青色申告に変更になった場合はやよいの青色申告 オンラインへデータを取り込むことが可能です。農業所得の計算や製造原価科目管理は対応していません。

税理士からのコメント

経理のペーパーレス化

経済社会のデジタル化を踏まえ、経理の電子化による生産性の向上、記帳水準の向上を目的として、令和4年1月から改正電子帳簿保存法が施行されます。税法で原則紙での保存が義務付けられている帳簿や領収書などを紙で保存するのではなく、電子データとして保存することを電子帳簿保存と言います。この電子帳簿保存を適用するためには税務署長の事前承認が必要でしたが、今回の改正で事前承認が不要となり、タイムスタンプの要件や検索要件が緩和されています。またその反面、電子データを改ざんするなどして不正行為を行った場合のペナルティは厳しくなっています。上手にペーパーレス化に取り組んで、テレワーク推進やバックオフィス業務の効率化を検討するいい機会になるのではないでしょうか? 詳しくは、弥生株式会社ホームページの「電子帳簿保存法あんしんガイド」をご参照ください(https://www.yayoi-kk.co.jp/lawinfo/denshichobo/index.html)。

SECTION 03 経理担当者はどんな仕事をしているの?

ここでは、会社の経理担当者はどのような業務を行っているのかを見てみましょう。

■ 取引で発生したお金を管理・記録する

会社の日常取引は、売上・仕入・経費支払の他にも、さまざまな取引が発生しています。これらの取引をすべて記録するのが、経理担当者の仕事の1つです。また、請求書や領収書などの書類を整理し、適切な支出かどうかのチェックなどを行います。

■ 現金や預金の入出金を管理する

経理担当者は、現金や預金の入出金と管理を行います。小口の現金による経費支払や、売上・仕入の際の入出金など、常に会社のお金の流れを把握しておかなくてはなりません。特に、手形のやり取りや、売掛・買掛による取引を行っている場合、手形の決済日や掛代金の回収・支払予定日を把握し、資金がショートしないように常に残高を管理することが必要です。いくら儲けが出ていても、売上代金を回収できずに、支払に充てるお金を用意できなければ会社は倒産に追い込まれてしまいます。ミスの許されない厳しい業務なのです。

■ 会社の経営成績と財政状態を報告書にまとめる

　税金を納めるため、銀行に提出するため、株主に報告するためなど、さまざまな目的で資料や報告書を作成するのも経理担当者の仕事です。特に、日々の取引をまとめて1年間で区切り、会計期末に行う「決算」の作業は、経理担当者にとって1年に1度の大仕事といえるでしょう。決算で作成する「決算書」は、「貸借対照表」「損益計算書」「キャッシュ・フロー計算書」など、数種類の報告書で構成され、その作成にかかる作業量も膨大です。

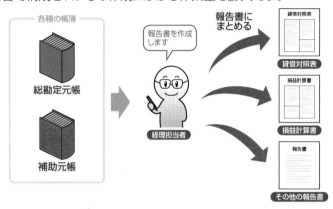

■ 管理会計の作業を行う

　「管理会計」とは、過去の会社の実績をもとに、短期的・中長期的な経営計画の判断材料となる資料を作成し、経営者に提供する会計業務のことです。会社が今、儲かっているのか、損をしているのか、そして今後はどうなるだろうかということを、日次・月次・四半期・半期などの区切りで、傾向や推移の分析資料を経営者に提供します。取引先の与信管理も行い、早めに経営者に報告します。来期以降の予算立てや、設備投資の計画、経営分析を行ったりします。

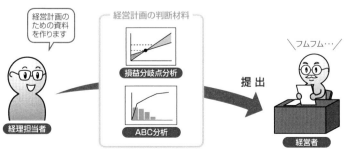

1 あらかじめ知っておきたい基礎知識

17

簿記の基礎を知っておこう

会計ソフトを使えば、初心者でもある程度の会計データを作ることができます。しかし、そうはいっても、簿記の基礎知識がまったくゼロの状態では、パソコンが自動計算した帳票が正しいのかどうかもわかりません。ここでは、簿記の基本について簡単に学んでおきましょう。

■ 簿記には「単式簿記」と「複式簿記」がある

簿記には、「単式簿記」と「複式簿記」があり、法人や個人の青色申告では「複式簿記」で記録します。ここではまず、2つの簿記の方法について簡単に説明します。

◆個人の「白色申告」は「単式簿記」で記帳する

「単式簿記」は、物事を1つの側面からしか見ない帳簿の付け方のことです。たとえば、「バス代300円を現金で支払った」という取引を帳簿に記帳する場合は、経費帳に「旅費交通費の発生300円」

▼単式簿記の例（仕入帳）

仕入帳

日付	摘要	仕入金額	値引・返品額	残高
1月10日	○○電機商会　パソコン部品仕入	105,000		105,000
1月12日	○○貿易　商品○○　輸入仕入	500,000		605,000
1月15日	○○航空運輸　○○貿易仕入分 輸入諸経費	25,000		630,000
1月20日	○○電機商会　不良品の返品		21000	609,000
1月22日	○○商会　ネットワーク機器仕入	420,000		1,029,000
1月25日	○○紙業　製品梱包資材仕入	262,500		1,291,500

という内容を記録します。「その結果、現金が減った」という、もう1つの側面は特に記帳する必要はありません。それでも現金管理だけは行っている、という会社も多いですが、単式簿記では「収益」と「費用」の発生（取消）のみ記帳していきます。つまり「収益」と「費用」の発生（取消）の結果増減する現金など、「資産」や「負債」の残高は管理しません。そのため、「損益計算書」は作成できますが、「貸借対照表」は作成できないのです。

個人事業主で、「白色申告」を行っている場合の記帳方法が「単式簿記」です。単式簿記では、「売上帳」「仕入帳」「経費帳」などの帳簿を用意します。右上の図では「仕入帳」の例を示しています。1年間でこの「仕入帳」の残高を見ると、1年間にどれだけの仕入が発生したのかを確認することができます。また、売上や経費もそれぞれの帳簿から、1年間の発生金額を確認します。このデータをまとめて「損益計算書」を作成します。

1
あらかじめ知っておきたい基礎知識
2
3
4
5
6
7

◆個人の「青色申告」や法人は「複式簿記」で記帳する

「複式簿記」は、「収益」「費用」の発生（取消）によって、「資産」「負債」「資本（純資産）」がどのように変化したのかまでを記録していく帳簿の付け方です。

▼複式簿記の例（振替伝票）

手書きで処理する場合の大まかな流れは、次の通りです。

❶ 取引を仕訳する

❷ 仕訳を総勘定元帳に転記する

❸ 総勘定元帳の各勘定を、月末や年度末で締め切り、残高試算表を作成し、さらに損益計算書と貸借対照表を作成する

なお、弥生会計をはじめとした会計ソフトを利用した場合、❷と❸は自動的に会計ソフトが作成してくれます。

取引の発生から決算書までの流れ

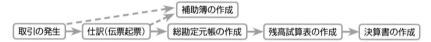

■ 簿記の5要素と勘定科目について

複式簿記では、「取引」が発生したときに、「勘定科目」を用いて「仕訳」という作業を行います。ここでは、簿記でいう「取引」と「勘定科目」について説明します。

◆簿記でいう「取引」とは

簿記は、「取引」を「帳簿」に記録していく作業です。ただし、簿記上でいう「取引」とは、世間一般にいう「取引」とは異なります。簿記上の「取引」は、「資産」「負債」「資本（純資産）」「収益」「費用」のいずれかが増減することを指します（これを簿記の5要素という）。

たとえば、「○○社から商品の注文を受けた」というような場合、営業活動的には「○○社と取引した」といえるかもしれませんが、簿記の立場で見ると、商品という「資産」が減ったわけでもなく、売上高という「収益」が増えたわけでもありません。つまり、この時点では、簿記では「取引」として記帳しないのです。この取引で仕訳が必要な時点は、「商品を納品して（売上計上）、その代

金を受け取る権利が発生したとき（売掛金が発生）」となります。

　逆に、「地震で倉庫が倒壊した」「泥棒に商品を盗まれた」というような、世間一般では「取引」といわないようなケースでも、「資産」が減ってしまうので「取引」が発生したとして「仕訳」を行います。

◆「勘定科目」とは

　取引を記帳していく区分のことを「勘定」といいます。勘定に付けられた名前が「勘定科目」です。勘定科目は「現金」や「売上高」などの一般的な科目だけでなく、会社の業種や規模によって勘定科目を追加し、独自の勘定科目体系に整えているところもあります。また、すべての勘定科目は「簿記の5要素」のいずれかに属しています。次の図は、勘定科目の一例と、それらが簿記の5要素のどこに含まれているかを示しています。

簿記の5要素と勘定科目の例

簿記の5要素	属している勘定科目の一例
資　　産	‥‥‥現金、預金、受取手形、売掛金、仮払金、建物、車両運搬具など
負　　債	‥‥‥支払手形、買掛金、借入金、未払金、預り金など
資本（純資産）	‥‥‥資本金（法人）、元入金（個人）など
収　　益	‥‥‥売上高、雑収入など
費　　用	‥‥‥仕入高、給料手当、旅費交通費、通信費など

※勘定科目の「現金」を表す場合、「現金」勘定と表現するのが一般的です。

■ 仕訳とは

　複式簿記では、前述のように簿記の5要素が増えたり減ったりする取引をすべて帳簿や伝票に記録していきます。この記録の方法を「仕訳」といいます。ここでは、仕訳について説明します。

　仕訳は、1つの取引をその取引の「原因」と「結果」に分けて記録していきます。「原因」と「結果」、つまり1つの取引を2つに分けて記録していくのです。複式簿記の「複式」の語源もここから来ています。

　「仕訳」と聞くと「難しい・・・」と思われる方が多いかもしれませんが、慣れればそう難しいものではありませんし、仕訳にはいくつかの「ルール」がありますので、それをマスターすれば大概の仕訳は作成できるようになります。

　それでは、次のような例を用いて、順を追って説明しましょう。

バス代300円を現金で支払った。

まずは、上記の例を仕訳すると、次のようになります。

借　方		貸　方	
旅費交通費	300	現金	300

　左側と右側に分けて記録していますが、左側のことを「借方」、右側のことを「貸方」と呼びます。「借りる」「貸す」は関係ありません。これも「ルール」の1つです。

◆仕訳のルール(1)・・・取引を「原因」と「結果」に分けて勘定科目に当てはめる

　仕訳は、1つの取引をその取引の「原因」と「結果」に分けて記録していきますが、それでは「原因」と「結果」とはどう考えればいいのでしょうか。

　上記の例は次のように言い換えることができます。

バスに乗った　　　　だから　　　　現金が300円減った

　上記を「原因」と「結果」に分けると、次のようになります。

●原因：バスに乗った

●結果：現金が300円減った

　これで1つの取引を2つに分けることができました。これを図解し、勘定科目を当てはめると、次のようになります。

原　因

バス代300円の
経費がかかった

これは、「簿記の5要素」の「費用」が発生したことを意味します。バス代は交通費なので、「勘定科目」は「旅費交通費」を使用します。

結　果

現金300円を支払った

これは、「簿記の5要素」の「資産」が減少したことを意味します。現金を払ったので、「勘定科目」は「現金」です。

交通費は「旅費交通費」勘定、現金は「現金」勘定を使って記録をします

1

あらかじめ知っておきたい基礎知識

21

◆仕訳のルール（2）・・・借方と貸方に分けてそれぞれ記録する

　2つ目のルールは、「2つの勘定科目を借方と貸方のどちらに書くか？」になります。複式簿記では、「資産」「負債」「資本（純資産）」「収益」「費用」の5つに分類される「簿記の5要素」があります。この要素は、数字が増えた（発生した）ときに、借方（左側）に記入するか、貸方（右側）に記入するかが決められています。このルールは、次の図のようになっています。

	借方	貸方
資産	増加	減少
負債	減少	増加
資本	減少	増加
収益	取消	発生
費用	発生	取消

増えたときに借方（左側）に記入する要素
- 資産
- 費用

増えたときに貸方（右側）に記入する要素
- 負債
- 資本（純資産）
- 収益

これらの要素は、減ったときは、左右逆の欄に記入します。

　上の図から、「バス代300円を現金で支払った」ときの勘定科目を書く位置は、次のようになることがわかります。

- 旅費交通費の発生　➡　費用の発生　➡　借方に記入
- 現金の減少　➡　資産の減少　➡　貸方に記入

　このため、借方が「旅費交通費」、貸方が「現金」となり、前ページの仕訳例のようになるのです。ここで貸借を逆に記入するとまったく逆の意味合いになるため、充分に注意が必要です。すべての取引を、この表を見ながら、「借方」と「貸方」に当てはめて、記録していく作業が「仕訳」となります。

◆仕訳のルール（3）・・・借方と貸方の合計金額は一致する

　仕訳のルールの最後は金額についてです。「借方」の金額と「貸方」の金額は必ず一致します。仕訳の例をもう一度見てください。「旅費交通費が300円発生」した結果、「現金が300円減少」しています。発生した旅費交通費と、そのために減った現金の金額は一致するのです。

　実務上の取引の中には、原因と結果が1対1ではなく、いくつかの原因がいくつかの結果につながるような、もう少し複雑な取引が出てくることがあります。そのような場合でも、「借方側の合計金額」と「貸方側の合計金額」は必ず一致します。

　これらの3つのルールをふまえ、次ページでは仕訳の例を紹介します。よく、仕訳は「習うより慣れろ」といいます。まずは数をこなして、慣れていきましょう。

> 3,000円の事務用品を購入し、現金で支払った。

- ●原因：事務用品費（費用）の発生・・・借方へ
- ●結果：現金（資産）の減少・・・貸方へ

（借方からみると・・・）事務用品を購入（事務用品費が発生）した結果、現金3,000円が減少しました。

（貸方からみると・・・）現金が3,000円減少した原因は、事務用品を購入（事務用品費が発生）したからです。

借　方	貸　方
事務用品費　　3,000	現金　　　　　3,000

> 銀行より100,000円を借り入れ、普通預金に入金された。

- ●原因：借入金（負債）の増加・・・貸方へ
- ●結果：普通預金（資産）の増加・・・借方へ

（借方からみると・・・）普通預金が増えたのは、100,000円を銀行から借り入れたからです。

（貸方からみると・・・）銀行から借り入れした100,000円は、普通預金に預け入れ、その結果普通預金が増加しました。

借　方	貸　方
普通預金　100,000	借入金　　　100,000

> 得意先Aに31,500円の商品を発送した。翌月末に入金予定となる。

- ●原因：売上（収益）の発生・・・貸方へ
- ●結果：売掛金（資産）の増加・・・借方へ

（借方からみると…）売掛金が増えたのは、売上が31,500円あったからです。

（貸方からみると・・・）売上31,500円は掛で売り上げました。その結果売掛金が増加しました。

借　方	貸　方
売掛金　　31,500	売上高　　　31,500

> 得意先Aより掛代金が普通預金に振り込まれた。31,500円の商品代金に対して、105円の振込手数料が差し引かれていた。

- 原因：売掛金（資産）の減少・・・貸方へ
  - 支払手数料（費用）の発生・・・借方へ
- 結果：普通預金（資産）の増加・・・借方へ

（借方からみると・・・）普通預金に振り込まれた31,395円と支払手数料105円は、売掛金の回収があったためにそれぞれ増加・発生しました。また売掛金がその分減少しました。

（貸方からみると・・・）回収された（減少した）売掛金31,500円は、手数料105円を差し引かれ残りは普通預金に31,395円振り込まれました。その分普通預金が増加し、支払手数料が発生しました。

借　方		貸　方	
普通預金	31,395	売掛金	31,500
支払手数料	105		

> 1月分給与300,000円のうち、社会保険料10,000円、源泉所得税5,000円を控除し、差引支給分285,000円を現金で支払った。

- 原因：給料手当（費用）の発生・・・借方へ
- 結果：預り金（負債）の増加・・・貸方へ
  - 現金（資産）の減少・・・貸方へ

（借方からみると・・・）給与の支払いが総額300,000円あり、社会保険料・源泉所得税の会社預かりがあったので、預り金が10,000円と5,000円増加し、支払いに充てた現金が285,000円減少しました。

（貸方からみると・・・）預り金が10,000円と5,000円増加し、現金285,000円減少したのは給与の支払いが総額300,000円発生したからです。

借　方		貸　方	
給料手当	300,000	現金	285,000
		預り金	10,000
		預り金	5,000

✏️ 「借方」と「貸方」の左右の覚え方

「借」と「貸」、読み方も漢字もなんとなく似ているため、最初のうちは区別がつかなかったりします。簿記を勉強したての受講生から「借方って右側のことだっけ？　左側のことだっけ？」という質問が飛び交ったりもします。

そのときの覚え方をここでご紹介します。

- 「借方（かりかた）」の「り」は左カーブ、だから借方は左側
- 「貸方（かしかた）」の「し」は右カーブ、だから貸方は右側

1

> この覚え方は、「一度聞いたら意外と忘れない」と、セミナーでは好評です

あらかじめ知っておきたい基礎知識

📝 税理士からのコメント　勘定科目の使い分け

「日常の取引をどういう勘定科目で記録したらいいのかわからないのですが・・・」というお話をよく聞きます。そもそも最初のスタートのところから迷ってしまうと、「やっぱり仕訳って難しい」と思ってしまうかもしれません。そんなときは、弥生会計の勘定科目一覧表を眺めてみましょう。勘定科目の名前は、その取引を連想するようなわかりやすい名前が付いていると思います。

それでも、中には判断に迷うものもあるでしょう。たとえば「ガソリン代」もわかりにくい取引の1つです。弥生会計では「旅費交通費」「燃料費」「車両費」など、どこに入っていてもおかしくないような勘定科目が用意されています。どれが正しいのでしょうか？　実はどれも正しいのです。一般的に妥当だと判断される科目の呼び方が何種類かあったら、どれを選択してもOKです。ただし、一度「燃料費」を使うというルールを決めたら、みだりに変更してはいけません。弥生会計 オンラインでは、勘定科目の名前を自由に登録することができるのですが、ある程度決められた（一般に使われている）勘定科目の範囲から、その会社なりのルールを決めて勘定科目の設定を行いましょう。

■ 帳簿への転記と試算表の作成

　仕訳ができたら、次の作業は「帳簿」へ取引を書き写す「転記」の作業を行います。この「帳簿」が「総勘定元帳」です。総勘定元帳の残高をまとめた報告書が「残高試算表」や「決算書」となります。総勘定元帳は別名「元帳」とも呼ばれ、会計帳簿の基本となる大切な帳簿です。総勘定元帳には、勘定科目ごとにページが設定されており、「日別」「取引別」に記録されて、総勘定元帳を見れば「いつ」「どんな取引をしていたのか」が一目瞭然にわかります。

　弥生会計 オンラインでは、総勘定元帳への転記作業や、試算表や決算書への集計作業は自動で行いますが、ここでは手書きで作業をした場合の流れを確認してみましょう。

① 総勘定元帳への転記

　仕訳で「借方」に書いた勘定科目は、総勘定元帳のその勘定科目のページの「借方」欄に金額を書き写し、その金額の増減の原因となった「相手勘定科目」を記入します。摘要には、取引の内容を簡潔にまとめて記入します。同様に仕訳で「貸方」に書いた勘定科目は、その勘定科目のページの「貸方」欄に金額を書き写し、その金額の増減の原因となった「相手勘定科目」を記入し、摘要を記入します。

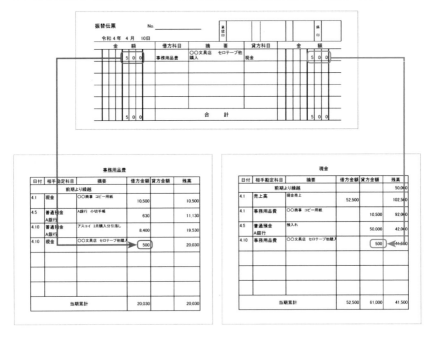

② 試算表の作成

　総勘定元帳の合計もしくは残高を集計し、一覧表にしたものが試算表です。試算表については次の3つがあります。

- 合計試算表（各勘定科目の借方合計／貸方合計を集計したもの）
- 残高試算表（各勘定科目の残高を集計したもの）
  ※残高とは各勘定科目の借方合計と貸方合計との差額をいいます。
- 合計残高試算表（上記2つの試算表をミックスさせたもの）

　試算表を作成するタイミングは特に決まっていませんが、特に月末・四半期ごと・半期ごと・年度末などが多く使用されます。

　なお、弥生会計では合計残高試算表が採用されています。

「売掛金」勘定の例

売掛金

日付	相手勘定科目	摘要	借方金額	貸方金額	残高
		前期より繰越			200,000
1.10	売上高	○○物産1月分	262,500		462,500
1.10	売上高	△△商会1月分	2,472,500		2,935,000
1.31	普通預金 A銀行	掛代金回収　○○物産		1,050,000	1,885,000
1.31	普通預金 A銀行	掛代金回収　△△商会		200,000	1,685,000
1.31	普通預金 B銀行	掛代金回収　××工業		450,000	1,235,000
2.10	売上高	◇◇商事 2月分	10,000		1,245,000
2.20	受取手形	××工業 掛代金回収手形 5月31日		10,000	1,235,000
		当期累計	2,745,000	1,710,000	1,235,000

　「売掛金」勘定は「資産」ですから、増えたら借方になり、残高も借方になります。

　借方合計は前期繰越+当期の借方合計を書き写します。

　貸方合計は当期の貸方合計を書き写します。

　残高は借方合計と貸方合計の差額です。この「売掛金」勘定の例では、借方合計の方が多いので、借方残高に差額を書き写します。

合計残高試算表

借方残高	借方合計	勘定科目	貸方合計	貸方残高
876,980	1,750,000	現金	873,020	
1,244,100	4,260,000	普通預金	3,015,900	
1,235,000	2,945,000	売掛金	1,710,000	
6,500,000	6,500,000	商品		
3,883,000	3,883,000	車両運搬具		
2,880,000	2,880,000	工具器具備品		
	1,000,000	買掛金	5,300,000	4,300,000
	227,000	短期借入金	3,000,000	2,773,000
		預り金	770,000	770,000
		資本金	7,500,000	7,500,000
		売上高	3,095,000	3,095,000
200,000	200,000	仕入高		
1,200,000	1,200,000	給料手当		
11,000	11,000	交際費		
68,800	68,800	旅費交通費		
46,000	46,000	通信費		
38,000	38,000	消耗品費		
250,000	250,000	水道光熱費		
5,120	5,120	雑費		
18,438,000	25,263,920		25,263,920	18,438,000

第 2 章

弥生会計 オンラインを
使う準備をしよう

SECTION 05 弥生会計 オンラインを使える環境かどうかを確認しよう

弥生会計 オンラインでは、インターネットに接続できる環境があれば Windowsのパソコン以外でもMac OSのパソコンやスマートフォンアプリでの入力を利用することができます。

■弥生会計 オンラインを利用するために最低限必要なシステム要件

弥生会計 オンラインを利用するためには、次のような性能を満たしたパソコンやスマートフォンが必要になります。

▼クラウドアプリ

	Windowsの場合	Macの場合
日本語OS	Microsoft Windows 11	macOS 11（Big Sur）
	Microsoft Windows 10	macOS 10.15（Catalina）
	Microsoft Windows 8.1 ※Windows RT8.1は除く	macOS 10.14（Mojave）
対応機種 （パソコン本体）	上記、日本語OSが稼働するパーソナルコンピューター インテル Core 2 Duo以上または同等の性能を持つプロセッサ	インテルプロセッサ搭載モデルのMac
Webブラウザ （※1）	Google Chrome	Google Chrome
	Mozilla Firefox	Mozilla Firefox
	Microsoft Edge	Safari（※2）
	Microsoft Internet Explorer 11	Microsoft Edge
メモリ	4GB以上（64ビット）／2GB以上（32ビット）	macOS 10.14以降4GB以上

▼その他（周辺機器、連携ソフトウェアなど）

ディスプレイ	本体に接続可能で、上記日本語OSに対応したディスプレイ
	解像度1280×768（WXGA）以上必要
マウス、キーボード	上記日本語OSで使用可能なマウス／キーボード
日本語入力システム	上記日本語OSに対応した日本語入力システム
連携製品	Adobe Acrobat Reader DC（※3）
	スマート取引取込を利用する場合、インストール版の「弥生口座自動連携ツール」はWindows OSのみ対応（※4）
	e-Taxを利用する場合は e-Taxのホームページをご確認ください

▼スマホアプリ

アプリ	iOS対応アプリ	Android対応アプリ
弥生会計 オンラインアプリ	iOS9.0以降	Android5.0以降
	iPhone 5以降	一部、非対応の端末があります

※（1）Webブラウザーは各OSでサポートされている最新のバージョンをご利用ください。
※（2）Safariでは画面の表示や操作に一部不具合が出ることがあるため、Google ChromeまたはMozilla Firefoxでのご利用をお勧めします。
※（3）レポートや各種帳票類はPDFファイルとして出力され、印刷などを行います。PDFファイルを表示するにはAcrobat Readerのインストールが必要です。
※（4）対象製品は「弥生会計 オンライン」、「やよいの青色申告 オンライン」、および「やよいの白色申告 オンライン」です。

2 弥生会計 オンラインを使う準備をしよう

■ ディスプレイの解像度やOSとメモリ容量を確認する

お使いのパソコンのディスプレイの解像度やOS（パソコンの基本システム）のバージョンやメモリ容量が、弥生会計 オンラインの動作条件を満たしているかどうかを確認してみましょう（Windowsパソコンの場合）。

1 スタートボタンを右クリックして**[設定]**をクリックし、表示されるWindowsの設定画面から、**[システム]**アイコンをクリックします。

2 ディスプレイの設定画面が表示されるので、解像度を確認します。

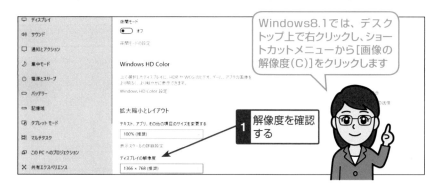

Windows8.1では、デスクトップ上で右クリックし、ショートカットメニューから[画像の解像度(C)]をクリックします

解像度を確認する

2

弥生会計 オンラインを使う準備をしよう

3 画面をスクロールして、システムの設定の一番下の**[バージョン情報]**をクリックします。

4 「デバイスの仕様」のメモリ容量（実装RAM）と、32bitか64bit（システムの種類）の確認をして、「Windowsの仕様」のエディションとバージョンを確認します。

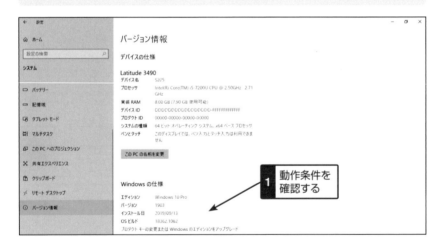

SECTION 06 弥生会計 オンラインの申し込み手続きをしよう

弥生会計 オンラインを使用するための申し込み手続きを解説します。

■ 弥生会計 オンラインの申し込み手続き

弥生会計 オンラインを始めるには、弥生株式会社の「弥生会計 オンライン」ページから申し込み手続きをする必要があります。

1 弥生会計 オンラインのWebサイト(https://www.yayoi-kk.co.jp/products/account-ol/index.html)をブラウザで開きます。

弥生会計 オンラインのWebサイトのURLをブラウザに入力して開く

2 [1年間無料でお試し]ボタンをクリックします。

期間によってお得なキャンペーンを実施しています

クリック

2 弥生会計 オンラインを使う準備をしよう

3 料金プランが表示されるので、プランの内容を確認し、**[申し込み手続きはこちら]**ボタンをクリックします。

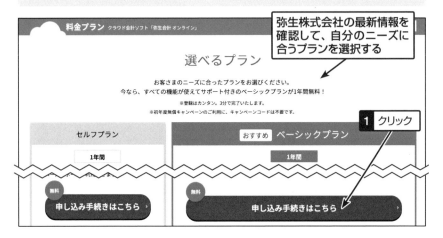

4 「弥生ID新規登録」画面で、名前・メールアドレス・パスワードを入力し、**[「弥生ID利用規約」及びプライバシーポリシーに同意します。]**のチェックを入れ**[登録する]**ボタンをクリックします。

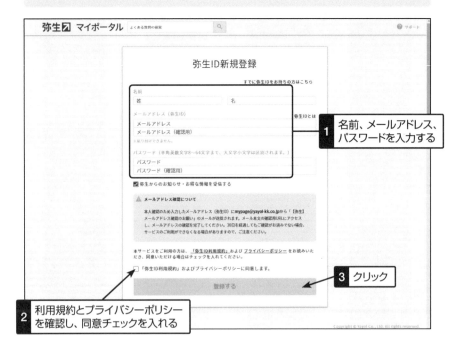

弥生IDとは?

　弥生IDとは、弥生株式会社のサービスを利用するためのIDです。弥生IDを登録すると弥生株式会社のホームページの「マイポータル」より製品を起動したり、サポート情報の確認が可能です。また、弥生会計 オンライン対応の会計事務所(弥生PAP)とのデータ共有設定などを行うこともできます。

5 画面の指示に従って進んでいくと、弥生会計オンラインの「はじめに」画面が表示されます。決算日を入力し、**[利用開始]**ボタンをクリックします。

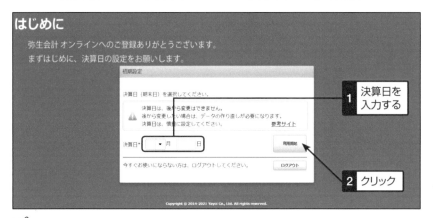

決算日の設定について

　決算日の月の設定について例えば、決算期間が4/1〜3/31の場合は、会計期間、最終月の「3月」を選択します。月を選択すると決算日は自動的に末日が表示されます。利用を開始すると後からの変更はできませんので、注意が必要です。

初年度無償キャンペーンについて

　初年度無償キャンペーンのご利用には、自動更新の決済方法として、口座振替またはクレジットカード情報の登録が必要です。次年度の更新前に更新のご案内メールが届きます。契約終了月の前月末日までにキャンセル可能です。詳細は弥生株式会社のホームページ(https://www.yayoi-kk.co.jp/products/account-ol/index.html)をご確認ください。

2
弥生会計 オンラインを使う準備をしよう

■スマートフォンアプリの準備

　弥生会計 オンライン専用のスマートフォンアプリから取引を入力する場合は、iPhoneは「Appストア」、Androidなどは「Google Playストア」からダウンロードし、アプリの設定を行います。ここでは、iPhoneで設定する場合を例に説明します。

1 「弥生会計 オンライン」アプリを「Appストア」で検索し、ダウンロードします。

2 「弥生会計 オンライン」アプリを起動し、弥生IDとパスワードを入力し、ログインします。

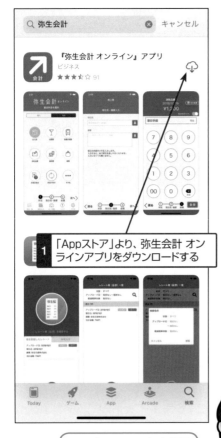

1 「Appストア」より、弥生会計 オンラインアプリをダウンロードする

1 弥生IDとパスワードを入力し、ログインする

スマートフォンアプリを利用するには、登録した弥生IDとパスワードが必要です

第3章

導入時の
初期設定を行おう

弥生会計 オンラインを起動しよう

ここでは弥生会計 オンラインの起動する流れを説明します。

■ 弥生会計 オンラインの起動

1 弥生株式会社のホームページ(https://www.yayoi-kk.co.jp/)を開き、[マイポータル]をクリックします。

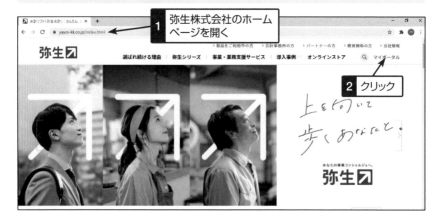

2 メールアドレスを入力して、[次へ]ボタンをクリックし、パスワードを入力してログインします。

3 弥生会計 オンラインの**[製品を起動する]**ボタンをクリックします。

4 利用開始後、最初にホーム画面が表示されます。次回から素早く起動するためにホーム画面をブラウザのお気に入り（ブックマーク）に追加しておくとよいでしょう。

3 導入時の初期設定を行おう

■ 初期設定ホーム画面について

ホーム画面の構成を確認しておきましょう

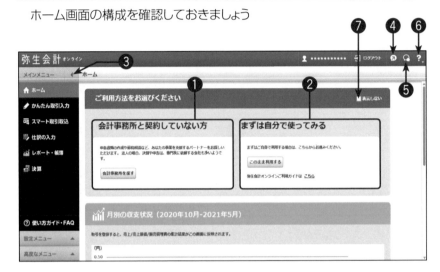

❶「会計事務所と契約していない方」

[会計事務所を探す]ボタンをクリックすると弥生株式会社の会計事務所・税理士紹介サービスのページにリンクし、弥生会計に精通した会計事務所の紹介依頼のお申し込みが可能です。

❷「まずは自分で使ってみる」

[このまま利用する]ボタンをクリックすると、まず入力するか、先に設定をするかを選択する画面が表示されます。

❸「メインメニュー」

クリックするとメインメニューが閉じます。

❹「弥生会計」マーク

弥生会計 オンラインに関するお知らせが表示されます。

❺「メッセージ」マーク

会計事務所とデータ共有の設定を行っている場合のメッセージ機能ボタンです。

❻「?」マーク

Webマニュアルが表示されます。

❼「表示しない」

「表示しない」にチェックを入れると、それ以降はスタートガイドが表示されなくなります。チェックを入れた後に初期設定を行う場合は、設定メニューから実施する必要がありますので、注意が必要です。

※「ベーシックプラン」をお申し込みの場合は、画面右下に表示されるチャットによる質疑応答で疑問を解決できる「チャットサポート」が利用可能です。

SECTION
08 まずは自分で使ってみる

初期設定は、「まずは自分で使ってみる」の[**このまま利用する**]ボタンをクリックして進んで設定をしましょう。

■ 利用方法の選択

1 弥生会計 オンラインのホーム画面より「まずは自分で使ってみる」から[**このまま利用する**]ボタンをクリックします。

■ 先に設定する

すぐに取引入力を始めるか、先に設定を行うかを選ぶことができます。初期設定を後にして、すぐに取引を入力していただくことが可能ですが、消費税の課税事業者の場合は、消費税に関する初期設定だけは、既に入力した取引には変更情報が反映されない項目があるため、先に設定を行いましょう。

1 「先に設定する」の[**設定**]ボタンをクリックし、消費税や預金口座情報、残高などの設定を確認しましょう。

3
導入時の初期設定を行おう

■まず入力する

弥生会計 オンラインで取引を入力する場合、次の3通りの方法があります。

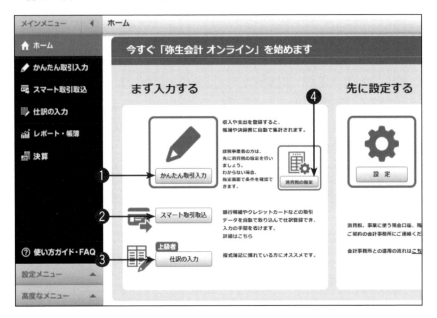

❶「かんたん取引入力」

取引日、科目、取引手段、摘要、取引先、金額を順番に入力していきます。簿記の知識がなくても入力しやすい画面です。

❷「スマート取引取込」

カードの取引や銀行のバンキングデータなど、手作業で入力するのではなく、データを取り込んで仕訳データに変換する機能です。

❸「仕訳の入力」（上級者）

取引を借方・貸方に仕訳して入力していく画面です。

入力を始める前に消費税の初期設定を行う場合は、❹の**[消費税の設定]**ボタンをクリックします。その他の初期設定も含めて先に初期設定の確認を行う場合は「先に設定する」の**[設定]**ボタンをクリックします。

弥生会計 オンラインの メニュー画面

SECTION 09

　画面左側に弥生会計 オンラインで使用できるメニューがまとまっています。メニューは「メインメニュー」「設定メニュー」「高度なメニュー」の3つに分けられます。

■ メインメニュー

　メニュー横の[◀]をクリックするとメニューが閉じられます。再度表示をする際は[▶メニューを表示]をクリックします。

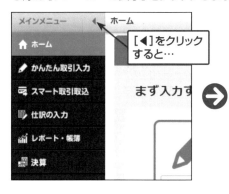

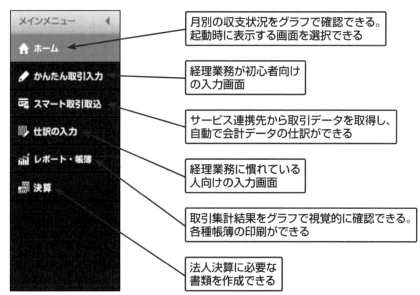

月別の収支状況をグラフで確認できる。起動時に表示する画面を選択できる

経理業務が初心者向けの入力画面

サービス連携先から取引データを取得し、自動で会計データの仕訳ができる

経理業務に慣れている人向けの入力画面

取引集計結果をグラフで視覚的に確認できる。各種帳簿の印刷ができる

法人決算に必要な書類を作成できる

3 導入時の初期設定を行おう

43

■ 設定メニュー

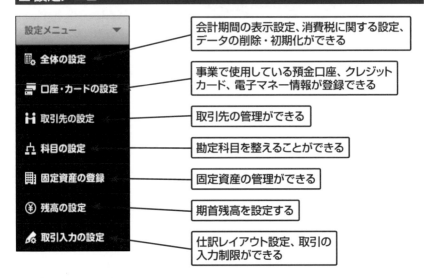

会計期間の表示設定、消費税に関する設定、データの削除・初期化ができる

事業で使用している預金口座、クレジットカード、電子マネー情報が登録できる

取引先の管理ができる

勘定科目を整えることができる

固定資産の管理ができる

期首残高を設定する

仕訳レイアウト設定、取引の入力制限ができる

■ 高度なメニュー

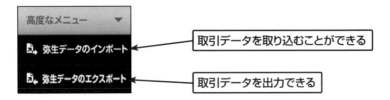

取引データを取り込むことができる

取引データを出力できる

3 導入時の初期設定を行おう

44

SECTION 10 弥生会計 オンラインを 使うときの設定

弥生会計 オンラインのホーム画面より「まずは自分で使ってみる」から**[このまま利用する]**ボタンをクリックし、「先に設定する」の**[設定]**ボタンをクリックすると、初期設定で必要な手順がガイド形式で表示されます。

■ 初期設定について

メインメニューの「設定メニュー」からも初期設定を行うことができます。ガイド形式の画面に表示されない設定画面(取引先の設定、科目の設定、取引入力の設定)は、「設定メニュー」よりクリックして画面表示します。

▼初期設定で必要な手順が表示された画面

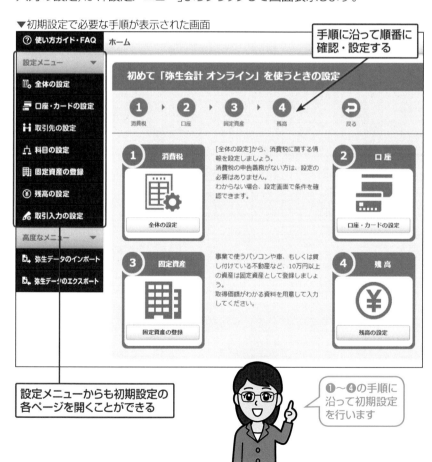

手順に沿って順番に確認・設定する

設定メニューからも初期設定の各ページを開くことができる

❶〜❹の手順に沿って初期設定を行います

11 消費税の設定

消費税に関する情報を設定しましょう。消費税の申告義務がない人は、設定の必要はありません。

■❶消費税の「全体の設定」

1 ❶消費税の**[全体の設定]**ボタンをクリックします。「全体の設定」画面では、「会計期間の表示設定」「消費税の設定」「全データの削除・初期化」の設定を行うことができます。

■会計期間の表示設定

1 弥生会計 オンラインを初めて起動したときに設定した決算日（期末日）が表示され、決算期と年度表示の設定を行います。

※決算日（期末日）は一度利用開始してしまうと変更できません。決算日を間違えて入力した場合など、どうしても変更が必要な場合は、「全データ削除・初期化」から入力済みの取引データをすべて削除して初期化した後、決算日の入力からやり直してください。

■ 消費税の設定

　消費税の納税義務がある課税事業者の場合、消費税の設定は取引入力前に必ず行いましょう。取引の入力を開始した後に「消費税設定」を行っても、入力済みの取引には設定の変更が反映されず、入力の訂正を行う必要が出てくる場合があります。訂正する必要がないように、事前に設定を確認しましょう。

　消費税に関する詳細説明は、消費税の設定画面の(?)マークがついている項目をクリックし、内容を確認しながら設定を進めてください。

1 　設定する年度を選択し、消費税の申告義務の有無を選択します。「資本金が1,000万円未満」「前々年事業年度の課税売上高が1,000万円以下」「前事業年度の前半半年の課税売上高が1,000万円以下」の条件すべてに当てはまる場合は、消費税の納税義務はありません。なお、設立初年度の法人の場合は、「前事業年度」「前々事業年度」が存在しませんので、資本金の金額のみで判定します。また、令和5年10月より、適格請求書(インボイス)発行事業者以外の企業が発行する請求書等では、仕入税額控除ができなくなるため、納税義務がない企業でも課税事業者として登録が必要な場合があります。

　消費税申告義務が「なし(免税事業者)」の場合は、画面下の**[登録(一度ログアウトします)]**をクリックして消費税の設定を終了します。「あり(課税事業者)」を選択した場合は、操作例 **2** へ進みます。

2 課税方式を「一般（本則・原則）」「簡易」から選択します。

「一般（本則・原則）」を選択した場合 → 操作例 **3** へ進みます。

「簡易」を選択した場合 → 操作例 **4** へ進みます。

3 「一般（本則・原則）」を選択した場合、仕入税額控除を選択します。売上高が5億円以下で、かつ、消費税がかかる売上高が95％以上の場合は、「比例配分」を選択して操作例 **5** に進みます。

4 「簡易」課税を選択した場合は、営んでいる事業の内容によって初期設定の業種区分を選択します。複数の業種がある場合、初期設定はボリュームの多いメインの業種を選択します。

3 導入時の初期設定を行おう

5 経理方式を「税込」「税抜」から選択します。「税抜」を選択した場合は、さらに「内税」計算か「外税」計算かを選択します。また、消費税端数処理は「切り捨て」が初期設定となっており、特に必要がなければ初期設定のままで問題ありません。その後、「消費税額入力方法」と「消費税端数処理」を選択します。

🖋 税込経理と税抜経理について

消費税の経理方式にはすべての取引を消費税込の数字で入力していく「税込経理」と、消費税分を分けて入力していく「税抜経理」があり、操作例 **5** の経理方式の設定により、いずれかを選択できます。

「税抜」は消費税分を分けるとはいっても、内税、もしくは外税で自動計算されます。また、どちらを選択しても、納付する消費税の額が変わるわけではありません。変わるのは、帳票の表示方法、決算時の消費税振替仕訳の方法です。

◆操作例 **5** で[税込]を選択した場合

すべての取引を消費税込で入力します。消費税額を修正したり、手入力したりすることはできません。また、決算書は税込で表示されます。

◆操作例 **5** で[税抜]を選択した場合

本体金額と消費税額を分けて記帳しますが、税込額から含まれる消費税を自動計算する(内税)と、税抜額に消費税額を自動加算する(外税)から選択します。決算書は税抜で表示されます。

3 導入時の初期設定を行おう

よくわからないときは(?)マークをクリック

消費税の設定画面で選択に困ったら、画面の**(?)マーク**または**[▼開く]**をクリックすると各項目の詳しい説明が表示されます。

クリックすると説明画面が開きます

■ 全データ削除・初期化

決算日を間違えて利用開始してしまった場合や、入力した取引をいったん全部削除して、初期状態に戻したい場合は「全データ削除・初期化」よりデータを再度設定し直すことができます。

この操作を進めて実行してしまうと元に戻したり、初期化されたデータを復元することはできません。確認の上実行してください。

設定が終了したら、画面下の**[登録(一度ログアウトします)]**ボタンをクリックして消費税の設定を終了します。変更した場合、一度ログアウトされますので、再度ログインを行ってください。登録せず確認のみの場合は、画面右上の**[ホームに戻る]**ボタンをクリックします。

初期状態に戻したい場合は、注意事項を確認の上「データの初期化に同意します」にチェックをつけ、[データを初期化する]ボタンをクリックする

SECTION 12 口座の設定

事業で使用している預金口座やクレジットカードを設定しましょう。口座やカードの情報を登録しておくことで仕訳入力の際に補助科目選択として表示され、口座やカードごとに取引を確認することができます。

■ ❷口座「口座・カードの設定」

1 ❷口座の[**口座・カードの設定**]ボタンをクリックするか、「設定メニュー」→「口座・カードの設定」をクリックします。

■ 「口座・カードの設定」画面

「預金口座」「クレジットカード」「電子マネー・現金」画面はタブで切り替えます。

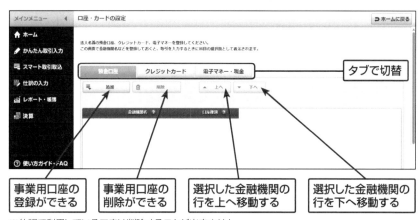

※仕訳で利用している口座は削除することが出来ません

3
導入時の初期設定を行おう

51

■「預金口座」タブ

事業用口座の管理を行います。銀行名と口座の種類を登録することが可能です。口座の種類（普通預金、当座預金、定期預金）の勘定科目の補助科目として、口座ごとの管理が可能となります。

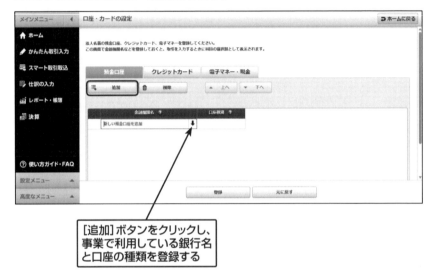

[追加]ボタンをクリックし、事業で利用している銀行名と口座の種類を登録する

【やってみよう】普通預金口座を登録しよう

1 預金口座タブの**[追加]**ボタンをクリックし、追加された行の金融機関名の**[↓]**をクリックして、金融機関を選択します。候補にない場合はリストを閉じて直接金融機関名を入力します。

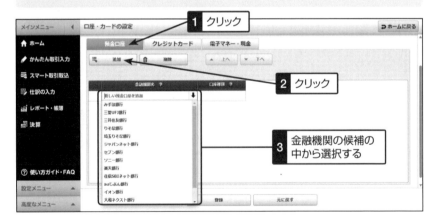

2 口座種別を選択し、**[登録]** ボタンをクリックします。

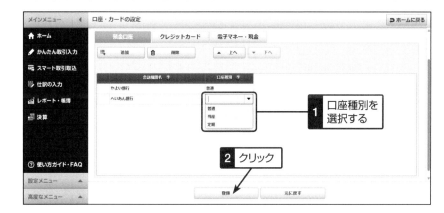

■ 「クレジットカード」タブ

　入力方法は基本的に預金口座の設定と同様です。事業で利用しているクレジットカードを登録すると、「クレジットカード」勘定（負債）の補助科目としてクレジットカードごとの取引や残高を管理することができます。ポストペイ（後から口座引き落としの電子マネー）等はクレジットカードとして登録をしてください。

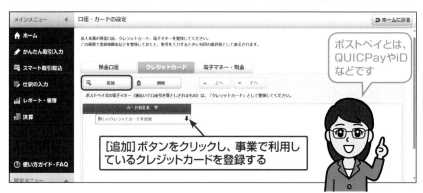

【やってみよう】クレジットカードを登録しよう

1 クレジットカードタブの **[追加]** ボタンをクリックし、追加された行のカード会社名の **[↓]** をクリックすると候補が表示されます。候補の中に登録したいカード会社がある場合はクリックして選択します。候補にない場合はリストを閉じて直接カード会社名を入力し、**[登録]** ボタンをクリックします。

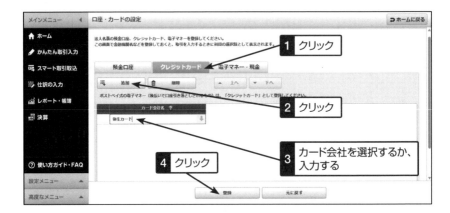

■「電子マネーの設定」タブ

電子マネーを使用して支払うことがある場合登録します。登録された電子マネーは「現金」勘定の補助科目として各電子マネーごとに管理することができます。入力方法は基本的に預金口座の設定と同様です。

【やってみよう】電子マネーを登録しよう

1 電子マネー・現金タブの[追加]ボタンをクリックし、追加された行の電子マネーの[↓]をクリックして、電子マネーを選択します。候補にない場合はリストを閉じて直接、電子マネー名を入力し、[登録]ボタンをクリックします。

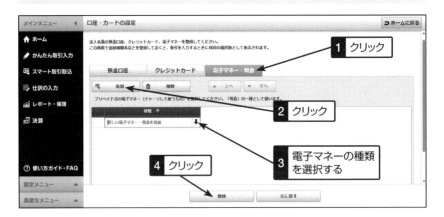

📋 電子マネーの会計処理

電子マネーは大きく分けて、前もって残高をチャージする「プリペイド」タイプと後日口座やクレジットカードから引き落とされる「ポストペイ」タイプの2種類があります。

経費の計上タイミングは、「使ったとき」となります。原則として、チャージしただけでは経費になりません。

◆プリペイドタイプ

Suicaやnanacoなどです。弥生会計 オンラインでは、現金と同等に扱います。

▼取引例① 現金でSuicaに10,000円をチャージした（現金をSuicaに振替えた）

借方科目	借方金額	貸方科目	貸方金額
現金（Suica）	10,000	現金	10,000

▼取引例② 電車移動し、Suicaから300円が差し引かれた

借方科目	借方金額	貸方科目	貸方金額
旅費交通費	300	現金（Suica）	300

取引例②の時点で、Suicaの残高は9,700円となります。このように原則通り、きちんと電子マネーの残高を管理していくのが大変な場合、利用履歴を管理し、二重経費や不正利用を防止する対策を行った上で、妥当な金額をチャージしたときに経費計上してしまう簡便的な方法も実務上は多く採用されています。簡便的な処理を行う場合は、電子マネーは登録せず、現金取引として入力していきます。

◆ポストペイタイプ

QUICPayやiDなどです。弥生会計 オンラインでは、未払金（クレジットカード）と同等に扱います。

▼取引例① QUICPayで得意先への手土産（3,000円）を購入した

借方科目	借方金額	貸方科目	貸方金額
交際費	3,000	クレジットカード	3,000

▼取引例② QUICPay利用額がクレジットカード決済により、普通預金から引き落とされた

借方科目	借方金額	貸方科目	貸方金額
クレジットカード	3,000	普通預金	3,000

SECTION 13 固定資産の登録

ここでは、設立初年度ではない会社で、初めて弥生会計 オンラインを導入するというケースを想定し、前期から保有していた固定資産を登録する手順を確認しましょう。

■ ❸固定資産「固定資産の登録」

「固定資産の登録」は固定資産の新規登録、編集、売却や廃棄の処理、台帳の出力ができる画面です。

固定資産を登録すると取得や償却に関する仕訳は自動的に作成されます。内容がよくわからない場合、後日入力しても問題ありません。減価償却費を確定させる決算時までに登録しておきましょう（詳細は第7章「決算作業を行ってみよう」を参照してください）。

また、前期から保有している固定資産の残高については、「残高の設定」画面では入力できず、この「固定資産の登録」画面から設定する必要があります。正しい残高を設定したい場合は、事前に設定が必要です。

1 「設定メニュー」→「固定資産の登録」をクリックするか、ホームから、「まずは自分で使ってみる」の**[このまま利用する]**ボタンをクリックし、「先に設定を行う」の❸固定資産の**[固定資産の登録]**ボタンをクリックします。

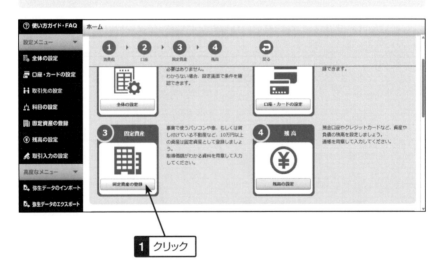

1 クリック

■「固定資産」画面について

　「固定資産」画面の構成を確認しておきましょう。なお、固定資産の登録で、今年度に購入したものは、取得時の仕訳が同時に作成されます（取得価額がわかる資料を準備する）。昨年より事業用に保有していたものは、前年度の決算書の減価償却の資料を確認し、入力します（期首残高に自動反映される）。

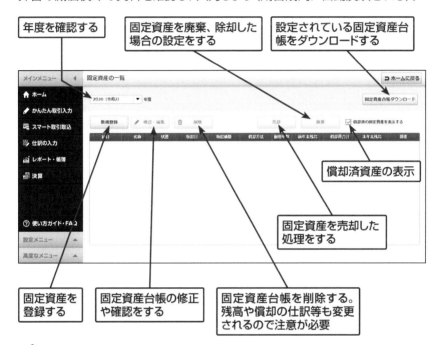

年度を確認する

固定資産を廃棄、除却した場合の設定をする

設定されている固定資産台帳をダウンロードする

償却済資産の表示

固定資産を売却した処理をする

固定資産を登録する

固定資産台帳の修正や確認をする

固定資産台帳を削除する。残高や償却の仕訳等も変更されるので注意が必要

3 導入時の初期設定を行おう

固定資産の減価償却とは

　10万円以上の車や機械類（パソコンなどを含む）を購入した場合、原則として「消耗品費」などの費用として処理することはできません。一度固定資産として登録し、その取得価額を耐用年数にわたって分割して費用配分していきます。たとえば、100万円の営業車を購入した場合、「100万円の費用が発生した」のではなく、「100万円の固定資産を購入した」という処理を行います。営業車は使用することによって、「収益」を生み出すことに役立ち、その結果、逆に資産の価値はだんだん減っていきます。そのため、この営業車の稼動する期間中（これを耐用年数といい、この年数は資産の種類や内容によって定められている）に取得価額を分割して毎年資産の価値を減少させ、その減少分を「減価償却費」として「費用」に計上していきます。

【やってみよう】前期から保有していた固定資産を登録しよう

▼令和2年9月1日購入の事務所用什器備品
　（取得価額　税抜1,500,000円、定率法15年、前期償却額16,625円）

科目	工具器具備品
資産の名称	内装工事什器備品
面積または数量	1式
取得方法	前年度に購入、保有していた
取得日	R02.9.30
事業供用開始日	R02.9.30
前年度終了時の未償却残高	1,483,375円
取得価額	1,500,000円
償却方法	定率法
耐用年数	15年

※会計期間:令和2年10月1日〜令和3年9月30日　税抜経理の場合

1 固定資産の登録画面の**[新規登録]**ボタンをクリックします。

2 「資産の種類」は、**[固定資産]**を選択し、**[次へ]**ボタンをクリックします。

3 固定資産の基本情報を入力し、**[次へ]** ボタンをクリックします。

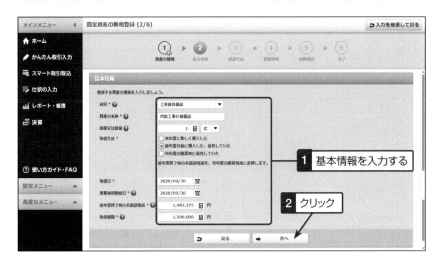

4 償却方法を選択し、**[次へ]** ボタンをクリックします。

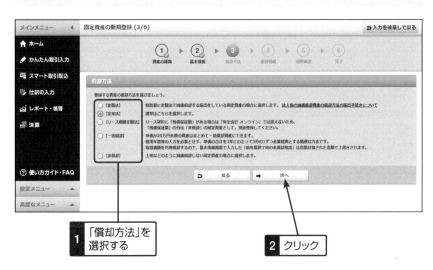

3
導入時の初期設定を行おう

5 償却情報の耐用年数を入力すると、普通償却費が自動計算されます。確認して、[次へ]ボタンをクリックします。

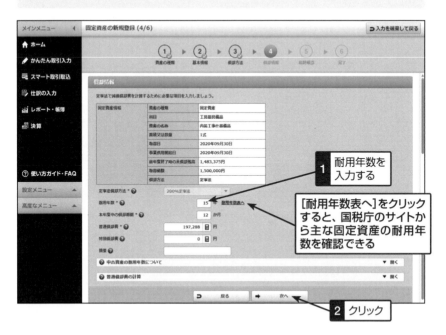

1 耐用年数を入力する

[耐用年数表へ]をクリックすると、国税庁のサイトから主な固定資産の耐用年数を確認できる

2 クリック

6 登録内容を確認し、[登録]ボタンをクリックします。複数の資産がある場合は、同様の操作を行って固定資産を登録していきます。

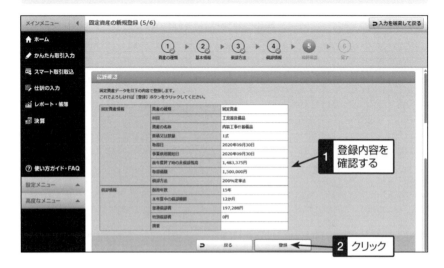

1 登録内容を確認する

2 クリック

📖 法定償却方法とは

償却方法については、資産ごとに「法定償却方法」が定められています。償却方法を変更したい場合は、「減価償却資産の償却方法の届出書」を税務署に提出し承認を受ける必要があります。建物、建物付属設備、構築物および無形固定資産の償却方法は定額法に限られます。

詳細は、国税庁のHP(https://www.nta.go.jp/taxes/tetsuzuki/shinsei/annai/hojin/annai/1554_21.htm)を参照してください。

固定資産の勘定科目	法定償却方法	備考
建物	定率法	H10.3.31以前に取得したもの
	定額法	H10.4.1以降に取得したもの
建物附属設備・構築物	定率法	H28.4.1以前に取得したもの
	定額法	H28.4.1以後に取得したもの
機械装置、車両運搬具、工具器具備品	定率法	
無形固定資産定額法	定額法	

▼国税庁のHP

3
導入時の初期設定を行おう

SECTION 14 残高の設定

預金口座やクレジットカードなど、資産や負債の残高を設定しましょう。

■ ❹残高「残高の設定」

「残高の設定」では、会社の状態に合った方法で入力を行います。入力を先に進め、あとから設定することが可能です。

1 「設定メニュー」→「残高の設定」をクリックするか、ホームから、「まずは自分で使ってみる」の[このまま利用する]ボタンをクリックし、「先に設定を行う」の❹残高の[残高の設定]ボタンをクリックします。

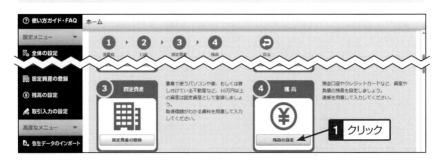

■ 今年度に新規開業の場合

残高は設定せず資本金預入の仕訳から取引の入力を進めるか、設立時点の資産・負債・純資産の残高を登録します。

■ 前期から引き続き事業を行っていて今期、初めて決算を行う場合

◆前年度から繰り越している期首残高がわかる場合

決算書や勘定科目の内訳書を確認しながら、前期末の残高を期首残高として登録します。

◆期首残高がわからない場合

仮に指定日時点の残高を入力しておき、後日期首日から残高入力時の指定日時点までの取引を正しく入力すると、期首時点の残高を自動計算することができます。

※前期の決算書との整合性が取れているかどうか、決算時点で確認が必要です。

3 導入時の初期設定を行おう

【やってみよう】残高の入力操作を確認しよう

　ここでは、前期から引き続き事業を行っていて今期、弥生会計 オンラインで初めて決算を行う場合の例をもとに、残高の入力操作を確認しましょう。

　前期末決算書や勘定科目内訳書を見ながら入力します。内訳が必要な科目がある場合は、補助科目や取引先を先に設定します。51ページの手順で口座やクレジットカード情報を追加している場合は、口座やカード情報がすでに補助科目として登録されています。

> 「現金及び預金」や「売掛金」など、内訳があるものは「勘定科目内訳書」等で残高を確認して入力する

▼前期末決算書（貸借対照表例）

貸 借 対 照 表

2020年 9月30日　現在

合同会社　オンライン　　　　　　　　　　　　　　　　　　　　　　（単位 ：　円）

資　　産　　の　　部		負　　債　　の　　部	
科　　　目	金　　額	科　　　目	金　　額
【流動資産】	23,889,781	【流動負債】	11,352,832
現 金 及 び 預 金	16,810,981	買　　　掛　　　金	1,620,000
売　　　掛　　　金	6,328,800	短 期 借 入 金	2,000,032
商　　　　　　　品	750,000	未　　　払　　　金	5,755,127
【固定資産】	3,862,459	未 払 法 人 税 等	304,000
【有形固定資産】	3,750,459	未 払 消 費 税 等	1,369,700
建 物 附 属 設 備	1,988,834	預　　　り　　　金	303,973
車 両 運 搬 具	150,000	【固定負債】	7,999,968
工 具 器 具 備 品	1,611,625	長 期 借 入 金	7,999,968
【投資その他の資産】	112,000	負 債 の 部 合 計	19,352,800
敷　　　　　　　金	100,000	純　　資　　産　　の　　部	
預　　　証　　　金	12,000	【株主資本】	8,399,440
		資　　　本　　　金	3,000,000
		利 益 剰 余 金	5,399,440
		その他利益剰余金	5,399,440
		繰越利益剰余金	5,399,440
		純 資 産 の 部 合 計	8,399,440
資 産 の 部 合 計	27,752,240	負 債 及 び 純 資 産 合 計	27,752,240

> 「固定資産」画面で正しく登録されている場合は残高が自動表示されるので確認する

1 残高の設定画面の前期末の貸借対照表残高を入力する「期首残高を設定する」をONにします。「流動資産」「固定資産」「負債」「純資産」のタブを切り替えながら、各科目の残高を入力していきます。

「指定日終了時点の残高を設定する」を選択する場合は、設定した日付までの取引を入力し、その時点の残高を入力すると登録済みの取引から期首残高を逆算します。正しい残高が設定されたかどうかを確認する必要があります。

◆「流動資産」タブで入力するもの

- 現金
- 普通預金（補助科目より入力）
- 商品
- 売掛金（内訳管理が必要な場合は、取引先として登録してある補助科目から入力）

◆「固定資産」タブで入力するもの

- 敷金
- 預託金

※有形固定資産（建物付属設備、車両運搬具、工具器具備品）や無形固定資産の科目は、「固定資産の登録」（56ページ参照）より入力します。

◆「負債」タブで入力するもの

- 買掛金（内訳管理が必要な場合は、取引先として登録してある補助科目から入力）
- 未払金（内訳管理が必要な場合は、取引先として登録してある補助科目から入力）
- 短期借入金
- 未払法人税等
- 未払消費税等
- 長期借入金
- 預り金（内訳管理が必要な場合、補助科目へ直接入力）

◆「純資産」タブで入力するもの

- 資本金
- 繰越利益剰余金（自動計算できます）

2 各科目の残高を入力し終わったら、「純資産」タブをクリックし、**[繰越利益を自動計算]**ボタンをクリックします。

純資産の繰越利益は入力されたデータの借方合計と貸方合計の差額で自動計算することができます

3 前期の決算書の「繰越利益剰余金」合計と一致しているかを確認します。一致していない場合、どこがあっていないのかをチェックします。

残高が一致しない場合は、(?)をクリックして入力値が正しいかどうか確認する

合計と一致しているかを確認する

チェックするポイント

- 流動資産の合計は一致するか?
- 固定資産の合計は一致するか?　一致しない場合は固定資産の登録画面で設定が必要です。
- 負債合計は一致するか?
- 純資産合計は一致するか?

🖋️ 補助科目がある勘定科目の残高入力について

　補助科目がある勘定科目についてはグレーで表示されており勘定科目残高を直接入力することはできませんので、各補助科目の内訳金額を入力します。

　補助科目の合算が自動的に集計され表示されます。補助科目が設定されていない場合は、**「入力内容を登録して [科目の設定] 画面を開く」**をクリックし、先に補助科目を登録します（73ページ参照）。固定資産に該当する科目の残高入力は、「固定資産の登録」（56ページ参照）から行う必要があります。

売掛金は得意先ごとに管理したいのに補助科目をまだ設定していない場合、ここをクリックして補助科目を先に登録する

補助科目を登録したい科目をクリックして [補助科目を追加] ボタンをクリックする

「売掛金」「買掛金」「未払金」などの科目に補助科目を登録する場合は、取引先として登録し、取引先の候補の中から補助科目として追加する必要がある（73ページの「取引先の設定」参照）

SECTION 15　科目を整える

　弥生会計 オンラインでは、あらかじめよく使う勘定科目は設定されていますが、必要に応じてこの画面から勘定科目や補助科目の追加、編集を行います。現在使用している総勘定元帳や前年度の決算書・勘定科目内訳書を準備しましょう。

■ 科目の設定

1　「設定メニュー」→「科目の設定」から開きます。残高の登録画面から**「入力内容を登録して[科目の設定]画面を開く」**をクリックして開くこともできます。

追加した勘定科目の削除は可能ですが、初期設定された勘定科目は削除できません

　追加や修正する機会の多い「費用等」のタブが初期表示されます。勘定科目名、科目の説明、サーチキー（取引を入力するときのキーワード）、取引入力時に表示するかどうか、貸借区分（その科目の取引が増加した場合借方、貸方のどちらに表示かが表示されます。初期設定されている勘定科目は、使用しない場合でも削除することはできませんが、「取引の入力で表示」のチェックボックスをOFFにすると入力時の科目候補から非表示になります。

■ 貸借対照表に集計される科目

勘定科目は階層で設定されており、分類は以下の8つのタブに分かれています。

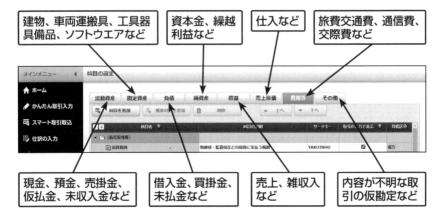

■「流動資産」タブを確認する

[科目を追加]ボタンの下の数字は勘定科目体系の階層を表しています。

1階層	2階層	3階層
区分名	勘定科目	補助科目

■ 勘定科目を追加

　勘定科目を追加する場合は、どのタブのどの区分に属する科目を追加するか、追加したい区分をクリックして**[科目を追加]**ボタンをクリックします。なお、その他タブに勘定科目を追加することはできません。

> **【やってみよう】** 費用等タブの「販売管理費」区分に「ごみ処理費」という勘定科目を追加しよう

1　「費用等」タブの[販売管理費]区分をクリックし、**[科目を追加]**ボタンをクリックします。

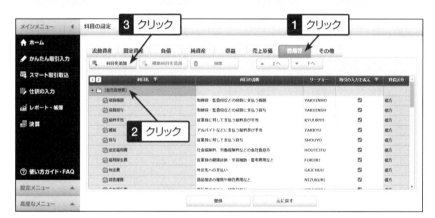

2　科目名、科目の説明、サーチキーを入力し、**[登録]**ボタンをクリックします。

3 導入時の初期設定を行おう

■ 科目の表示順を並べ替え

科目の表示順で残高試算表等のレポートが表示されますので、必要に応じて表示順を並べ替えることができます。

> **【やってみよう】**新規に追加した「ごみ処理費」を「雑費」の前に並べ替えてみよう

1 「ごみ処理費」をクリックし、**[▲上へ]**ボタンをクリックして、**[登録]**ボタンをクリックします。

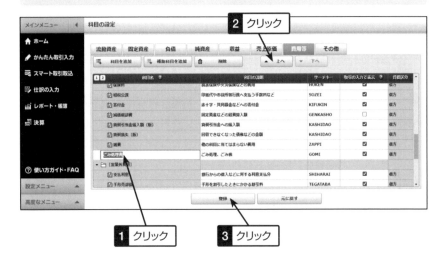

■ 補助科目の追加

勘定科目の内訳を管理したい場合は補助科目を追加することができます。「その他」の分類の科目や、▼ボタンの付いた合計科目には補助科目を設定することができません。「口座・カードの設定」で設定した内容はすでに該当の科目の補助科目として登録されています。

🏬のマークがついている勘定科目は、取引先を補助科目として登録します。補助科目名欄の▼ボタンをクリックすると取引先の候補が表示されるので、補助科目に追加したい取引先を選択します。候補がない場合は**<新しい取引先を登録>**を選択して、先に取引先の登録を行います（73ページの「取引先の設定」を参照）。

> 【やってみよう】次の補助科目を設定しよう

◆[売掛金]（得意先）の補助科目

先に「取引先」として登録し、取引先の中から売掛金の補助科目として使用するものを登録します。

- (株)ゴールド商事
- シルバー工業(株)
- エメラルド物産(株)

◆[買掛金]（仕入先）の補助科目

先に「取引先」として登録し、取引先の中から買掛金の補助科目として使用するものを登録します。

- (株)恵比寿電機
- 大黒通販(株)

◆[預り金]（給与の控除分管理用）の補助科目

直接補助科目を登録します。

- 社会保険料
- 源泉所得税
- 住民税

1 補助科目を追加したい勘定科目をクリックし、**[補助科目を追加]**ボタンをクリックして、補助科目の名称を選択し、**[登録]**ボタンをクリックします。

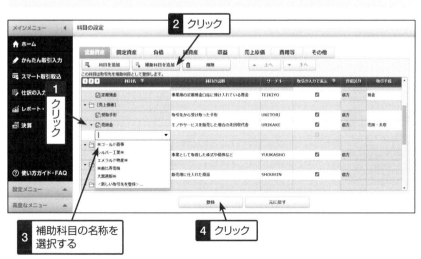

■ 科目の消費税等の設定

　勘定科目や補助科目ごとに消費税区分や税率を設定することができます。「標準税率」は、仕訳の日付時点の標準的な税率を適用する設定です。事前に費用等の販売管理費の「賃借料」勘定に補助科目「8%」「10%」を設定しておきます。

1 科目の設定画面の**[科目の消費税設定]**ボタンをクリックします。

2 賃借料の「8%」の税率を「8%」に変更し、**[登録]**ボタンをクリックします。

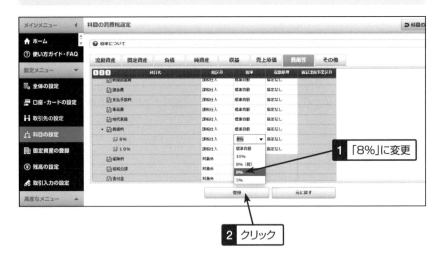

SECTION

16 取引先の設定

入力の際よく使う取引先を登録しておくことができます。

■ 取引先の設定

債権科目と債務科目の🏢マークがついた勘定科目は、取引先を補助科目に設定して内訳を管理することができます。

1 「設定メニュー」→「取引先の設定」をクリックします。

2 **[追加]** ボタンをクリックし、取引先名を入力して追加することができます。

仕訳の入力時に取引先を入力すると自動で追加されます

17 取引入力の設定

「仕訳の入力」画面のレイアウト設定と、指定した日付以前の取引の入力や編集を制限する「取引の入力制限」の設定を行うことができます。

■仕訳レイアウト設定

「仕訳入力の設定」画面で、複数の行にわたる一連の取引に対して、摘要と取引先を1つ設定するか、行ごとにそれぞれ摘要と取引先を設定していくかを選択します。

摘要や取引先を入力
する方法を選択する

■取引の入力制限

指定した日付以前の取引の入力、編集、削除、インポートを禁止します。チェックが完了して、数字を変動させたくない場合など日付を指定してそれ以前の取引の入力制限を設定することができます。

第4章

取引を入力してみよう

SECTION 18 仕訳の入力画面

会計の日常処理の基本は、「仕訳を正しく入力する」ことです。この仕訳の入力が正確でないと、その先の月次処理や決算処理も正しく数字が集計されません。この章では仕訳を入力するための画面と入力方法を「かんたん取引入力」を中心に確認していきましょう。

■ かんたん取引入力（経理初心者の方向け）

借方、貸方といった簿記の知識がなくても取引を正確に入力することができます。

メインメニューの「かんたん取引入力」から入力をします。「支出」か「収入」のタブを選んでから、分類（科目）や手段などの項目を個別に入力していくことも可能ですが、[取引例を探す]機能でキーワード入力から取引例を絞り込むか、あらかじめ登録しておいた[よく使う取引]機能から取引を選択すると、より効率よく入力することができます。

▼かんたん取引入力

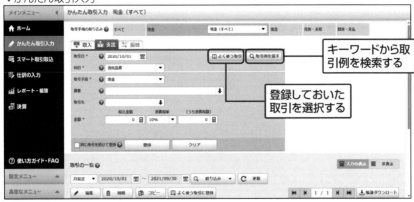

■ 仕訳の入力（経理経験者の方向け）

借方勘定科目や貸方勘定科目を選択して仕訳の形式で入力します。仕訳形式といっても、「かんたん取引入力」と同じように、[よく使う仕訳]や[仕訳例を探す]機能を使えば、簿記の借方・貸方を意識しなくても取引を仕訳として入力することができます。

▼仕訳の入力

仕訳もかんたん取引入力
と同様に検索できる

■ 科目（勘定科目）の登録

　メインメニューの「かんたん取引入力」や「仕訳の入力」で、一般的によく使用する科目（勘定科目）や内訳ごとに管理するための補助科目は、初期設定の段階であらかじめ登録されています。また、必要に応じて科目の追加や編集ができます。詳しくは第3章「科目を整える」（67ページ）を参照してください。見慣れない科目はあとで正しく選択しやすいように「科目の説明」も追加・編集しておきます。

▼科目の設定

必要に応じて科目の
追加や編集を行う

「科目の説明」を追加し
ておくと、あとで科目の
検索がしやすくなる

SECTION 19 「かんたん取引入力」の操作手順

　「かんたん取引入力」は、経理が未経験の方でも入力や操作がしやすいように画面構成されています。どの科目を使えばいいかわからない場合は、取引例（仕訳例）を検索して探すこともできます。

　それでは、実務上の取引事例を使って入力の手順を解説します。

■「支出」取引の入力と登録

　仕入や経費などの支出にかかる取引を入力します。支出の日常取引をいくつか入力してみましょう。

> ＜例題①＞10月1日　プリンター用トナー・インク 2,640円（税込）を現
> 金で購入した。（消耗品）

1　「支出」タブをクリックし、「取引日」は、カレンダーから選択するか、西暦を含めて8桁の数字で日付を入力します。スラッシュキー「／」の入力は不要です。

2　「科目」以降の取引手順欄を順に入力していきます。頻繁に発生する取引を[よく使う取引]に登録しておくと、あとで入力に手間がかからず便利です。初めての取引でイメージがしづらい場合は、[取引例を探す]ボタンをクリックすると、どんな内容の取引だったのか、キーワードを入力して検索することができます。今回はトナー・インクを購入した取引なので、表示名に「トナー」と入力して取引を検索し、[選択]ボタンをクリックします。

2 「トナー」と入力する

1 [取引例を探す] ボタンをクリック

表示名には、トナー・インクの購入と
表示され、取引内容の科目の部分には
消耗品費 (勘定科目名)と表示される

あらかじめ用意
された取引例に
は何の取引であ
るかの説明が表
示されます

3 クリック

4 取引を入力してみよう

3 「取引手段」は、支出取引なので現金で支払った場合、「現金」を選択します。▼ボタンをクリックすると一覧が表示されるので、取引の支払方法を選択します。

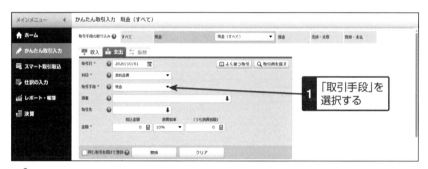

1 「取引手段」を
選択する

⌨ 取引手段の絞り込みができる

取引日を入力する前に、画面上部の「取引手段の絞り込み」で支払方法を選択することによって、取引手段を絞り込むことができます。

取引手段を絞り込む
ことができる

4 「摘要」は、具体的な取引内容を入力しておくと、あとから取引を呼び出して確認したいときに検索しやすくなります。

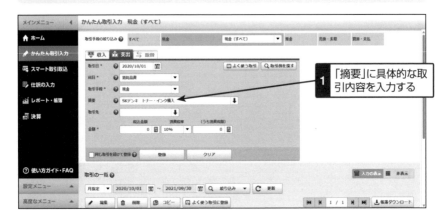

「摘要」に具体的な取引内容を入力する **1**

5 「取引先」は、売上（収入）や仕入（支出）取引の際に取引先名を入力します。今回は入力しません。「金額」は、税込金額を入力します。電卓マークをクリックして電卓画面から金額を入力することもできます。

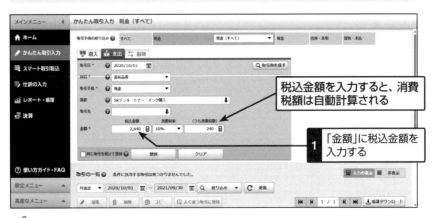

税込金額を入力すると、消費税額は自動計算される

「金額」に税込金額を入力する **1**

📝 消費税の税率は？

取引によっては軽減税率（8%）など消費税率を変更する必要があります（84ページ参照）。変更しない場合の税率は取引日付で自動判定され、2019年9月30日以前は旧税率（8%）、2019年10月1日以降は標準税率（10%）で消費税額が計算されます。

6 取引内容を確認して**[登録]**ボタンをクリックするか、**[Enter]**キーで取引を登録します。新規登録をすると、下の取引一覧の先頭行に取引が表示されます。

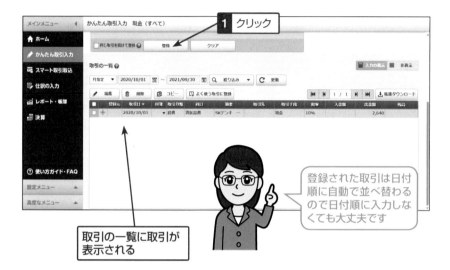

取引の一覧に取引が
表示される

登録された取引は日付
順に自動で並べ替わる
ので日付順に入力しな
くても大丈夫です

<例題②> 10月3日　取引先訪問のためJRを利用し、440円を「Suica」で支払った。（旅費交通費）

1 **[取引例を探す]**ボタンをクリックし、表示名に「JR」と入力して取引を検索し、**[選択]**ボタンをクリックします。

2 「JR」と入力する

1 [取引例を探す]
ボタンをクリック

3 クリック

2 「取引手段」は、今回「Suica」で支払っています。このような電子マネーは現金と同等に扱います。必要に応じて「摘要」欄を編集し、「金額」に税込金額を入力し取引内容を確認して**[登録]**ボタンをクリックします。

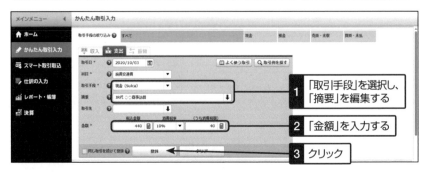

「取引手段」のリストに表示されない場合は、電子マネーの登録をしておきます（「設定メニュー」→「口座・カードの設定」→「追加」）。

🖐 電子マネーにチャージした取引は？

電子マネーにチャージした取引は、「振替取引」に該当します。「振替」タブをクリックし「振替元」には出金元である「現金」を入力し、「振替先」には入金先である電子マネー（Suicaなど）を入力します。

> **<例題③>** 10月8日　接待のため、取引先担当者との会食代18,000円
> をクレジットカードで支払った。（交際費）

1 該当する科目がわからない場合は、**[取引例を探す]**ボタンをクリックし、表示名にキーワードを入力します。今回は「接待」と入力して取引を検索し、**[選択]**ボタンをクリックします。

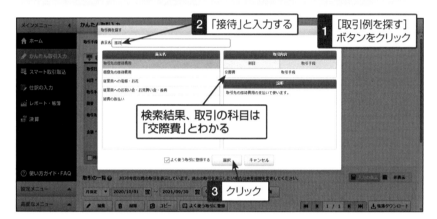

2 「取引手段」は、クレジットカードで支払っているので、「クレジットカード」を選択し、「摘要」を入力します。「金額」に税込金額を入力し取引内容を確認して**[登録]**ボタンをクリックします。もし事業用に複数のカードを使い分けている場合は、<例題②>の電子マネーと同じ手順（「設定メニュー」→「口座・カードの設定」→「追加」）でカードの設定を行います。

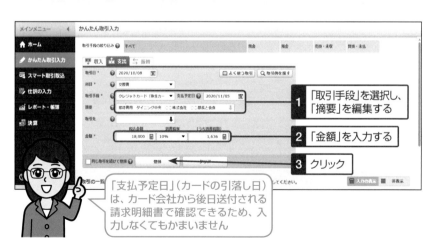

4 取引を入力してみよう

<例題④>10月10日　洋菓子の詰め合わせ3,240円を現金で購入し、得意先に贈答した。（交際費・軽減税率8%）

1 この取引も科目は「交際費」に該当しますが、<例題③>の外食とは消費税率が異なり、食品に該当する洋菓子を購入したときの費用は軽減税率（8%）が適用されるため、「金額」の消費税率は「8%（軽）」を選択します。

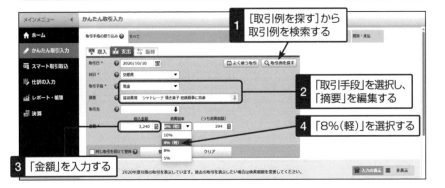

<例題⑤>10月15日　複合機のリース料7,020円が普通預金（へいあん銀行）から引き落とされた。このリース契約は、2019年2月に締結されたものである。（賃借料・旧税率適用）

1 この取引は賃借料に該当（**[取引例を探す]**ボタンから「リース」で検索）しますが、2019年4月1日前に契約締結されているため、経過措置である旧税率（8%）が適用されます。（軽）のついていない8%を選択して税率を変更します。

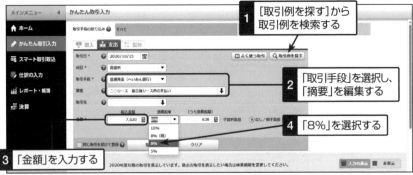

※軽減税率と旧税率では同じ8%でも内訳（消費税と地方消費税）が異なるため、申告計算上使い分ける必要があります。リース取引、軽減税率や経過措置（旧税率）の詳細についてご不明な点は、所轄税務署にお問い合わせください。

> **＜例題⑥＞**10月15日　事務所の電気代9,400円が普通預金（へいあん
> 銀行）から引き落とされた。（水道光熱費）

1　**[取引例を探す]**から取引例を検索して、「取引手段」「摘要」を入力します。
「金額」に税込金額を入力し取引内容を確認して**[登録]**ボタンをクリックします。

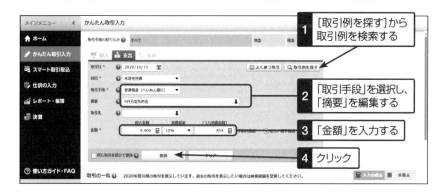

> **＜例題⑦＞**10月26日　事務所の電話料金6,700円 が普通預金（へいあ
> ん銀行）から引き落とされた。（通信費）

1　**[取引例を探す]**から取引例を検索して、「取引手段」「摘要」を入力します。
「金額」に税込金額を入力し取引内容を確認して**[登録]**ボタンをクリックします。

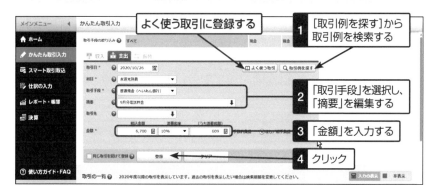

　公共料金、家賃や賃借料のように毎月自動引き落としされる支出は、**[よく
使う取引]**ボタンをクリックして登録しておくと次回以降の入力が効率よく行え
ます。頻繁に発生する他の取引も積極的に登録しておきましょう。具体的な
登録方法は、「よく使う取引に登録」（96ページ）を参照してください。

源泉徴収が必要な取引もかんたん入力

　税理士顧問料や原稿料など報酬・料金を個人に支払う場合、支払う企業は所得税を源泉徴収して後日納付する義務が生じます。その取引も「かんたん取引入力」から入力できます。

▼源泉徴収（2,552円）を控除して、顧問税理士に顧問料27,500円を支払った取引例

「うち預り金」に入力した金額が、預り金勘定として複合仕訳に反映される

「かんたん取引入力」から登録した取引を、「よく使う取引」に登録して「仕訳入力」画面の仕訳の一覧から表示した仕訳

■「収入」取引の入力と登録

売上やサービスの提供、手数料収入といった収益にかかる取引を入力します。収入取引をいくつか入力してみましょう。

> **＜例題①＞**10月21日　商品（税込715,000円）をエメラルド物産株式会社に掛け（販売代金を後日支払ってもらう条件）で売り上げた。

1 「収入」タブをクリックし、**[取引例を探す]** ボタンから「売上」などで取引を検索し、各項目を編集します。売上や仕入取引については、レポート機能や決算処理で取引先ごとの集計ができるように、「摘要」や「取引先」の項目も入力します。

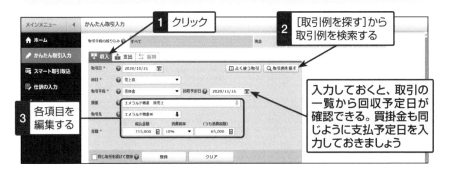

> **＜例題②＞**例題①の掛代金について、11月16日に銀行振込手数料（550円）が差し引かれて普通預金（へいあん銀行）に振り込まれた。

1 例題文では、「商品代金715,000円から振込手数料550円が差し引かれて振り込まれた」とあります。つまり、この銀行振込手数料550円の経費は当方が負担したことになります。**[取引例を探す]** ボタンから「売掛金の回収」などで取引を検索し、各項目を編集します。「手数料負担」は、**[自己負担]** を選択します。

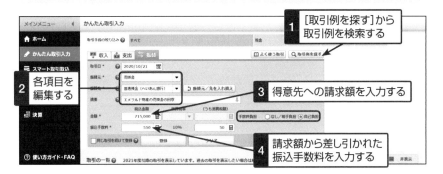

　なお、銀行振込手数料先方負担の場合（[なし/相手負担]を選択）は次のようになります。

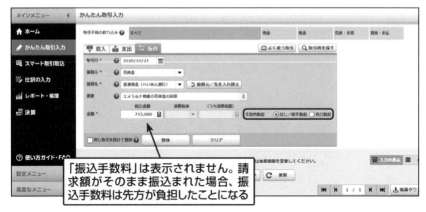

「振込手数料」は表示されません。請求額がそのまま振込まれた場合、振込手数料は先方が負担したことになる

[回収取引を入力]ボタンから簡単に入力する方法

　「取引の一覧」から＜例題①＞で作成した仕訳を選択し、[➡ 回収取引を入力]ボタンから入力します。

1 取引の一覧にて、「対象日付」「取引区分」「金額」を入力し、**[検索]**ボタンをクリックして対象の仕訳を絞り込みます。対象の仕訳を選択し、**[➡ 回収取引を入力]**ボタンをクリックします。

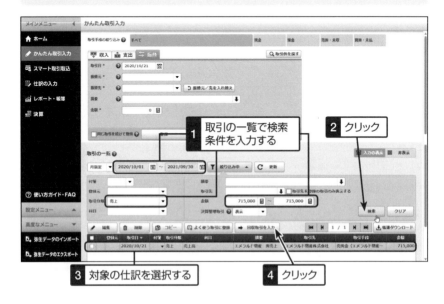

1 取引の一覧で検索条件を入力する

2 クリック

3 対象の仕訳を選択する

4 クリック

事前に回収予定日を入れている仕訳は、回収予定日が自動入力される

4
取引を入力してみよう

2 その他、必要事項を入力し、**[登録]**ボタンをクリックすると登録されます。

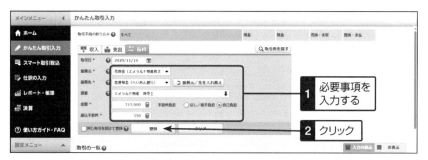

1 必要事項を入力する

2 クリック

📝 取引先（補助科目）を設定しよう

　継続した売買取引から生じる売掛金や買掛金は、補助科目（取引先）を設定して内訳管理ができるようにします。「設定メニュー」→「取引先の設定」をクリックし、取引先名に取引先を入力して**[登録]**ボタンをクリックします。

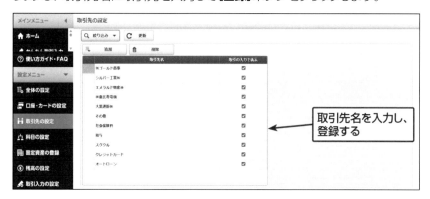

取引先名を入力し、登録する

■「振替」取引の入力と登録

　預金の引き出しや預け入れ、預金口座間の資金移動や仮払金の精算など
「収入」や「支出」以外の取引を入力します。

※売掛金の回収など、「振替」と「収入」のどちらからでも取引例が検索できる取引は、どちらから登
　録してもかまいません。

<例題①>11月5日　先月10月8日にクレジットカードで支払った18,000
　　　　　　　　円が普通預金口座（へいあん銀行）から引き落とされた。

1　「振替」タブをクリックし、**[取引例を探す]** ボタンから「クレジット」で取引を
検索し、各項目を編集します。

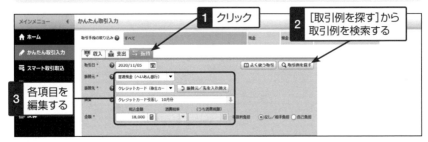

[支払取引を入力] ボタンから簡単に入力する方法

　「取引の一覧」から前月で作成したクレジットカードの仕訳を選択し、**[➡ 支
払取引を入力]** ボタンから入力します。

1　取引の一覧にて、「対象日付」「取引区分」「金額」を入力し、**[検索]** ボタンを
クリックして対象の仕訳を絞り込みます。対象の仕訳を選択し、**[➡ 支払取引
を入力]** ボタンをクリックします。

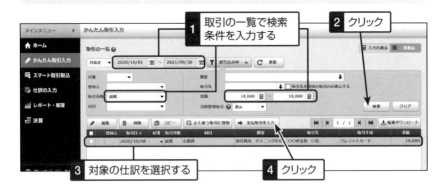

事前に支払予定日を入れている仕訳は、支払予定日が自動入力される

2 その他、必要事項を入力し、[登録]ボタンをクリックすると登録されます。

1 必要事項を入力する

2 クリック

<例題②> 10月27日　現金50,000円を普通預金(やよい銀行)に預け入れた。

1 [取引例を探す]ボタンから「預け入れ」や「普通預金」で取引を検索し、各項目を編集します。

1 [取引例を探す]から取引例を検索する

2 各項目を編集する

手数料が発生する場合、「自己負担」に切り替えて、金額を入力する

▼預金口座から現金を引き出す場合

引き出す預金口座と引き出した現金を選択する

▼預金口座間の資金移動の場合

移動元の預金口座と移動先の預金口座を選択する

※電子マネーのチャージは、82ページを参照してください。

4
取引を入力してみよう

SECTION

20 取引の編集・削除・コピー

取引の内容を編集・削除・複製を行ってみましょう。

■取引を編集

　登録した取引をあとから修正したいときは、取引の一覧から対象となる取引を選択して編集します。

> **<例題①>10月3日に入力した交通費(JR代)について、金額の440円を620円に訂正する。**

1 下段の取引一覧から該当する取引を選択し、**[編集]**ボタンをクリックします。

2 「金額」の税込金額を修正してから**[上書き保存]**ボタンをクリックします。他の項目も同じように編集できます。なお、上書き保存されますので、取引が重複して登録されることはありません。

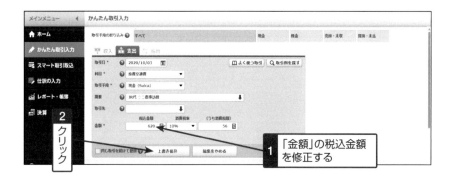

4

取引を入力してみよう

93

上書き修正された金額が
一覧に表示された

「絞り込み」機能を使って取引を検索する

検索範囲となる取引が多い場合、**[絞り込み]** ボタンをクリックし、「科目」や「摘要」にキーワードを入力して、取引を検索します。

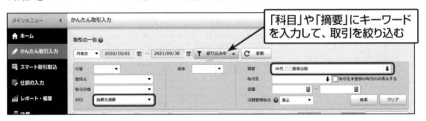

「科目」や「摘要」にキーワード
を入力して、取引を絞り込む

■取引の削除

1 取引を削除したい場合、一覧から対象となる取引を選択・検索して、**[削除]** ボタンをクリックします。複数の取引を選択してまとめて削除することもできます。

2 クリック

1 クリック

2 「削除の確認」画面が表示されたら**[はい]**ボタンをクリックして削除を実行します。なお、一度削除した取引は元に戻せませんので必ず確認してから実行するようにしてください。

■ 取引のコピー

1 登録した取引の一覧からコピーして、すぐに新しい取引を入力したいときに使用します。コピーしたい取引をリストから選択し、**[コピー]**ボタンをクリックします。毎月発生するような取引を効率よく正確に入力することができます。

2 取引日や金額、摘要欄などを編集して、**[登録]**ボタンをクリックします。取引日や金額などの編集もれがないように注意しましょう。

SECTION

㉑ よく使う取引に登録

頻繁に発生するような取引は、あらかじめ「よく使う取引」に登録しておくと便利です。

■ よく使う取引に登録

1 一覧から取引を選択し、**[よく使う取引に登録]** ボタンをクリックします。**[登録]** ボタンをクリックすると「よく使う取引」の一覧に表示されます。

「金額も登録する」は、賃借料のように毎回定額の取引の場合にチェックを入れて使用する

「よく使う取引」の一覧に登録した取引が表示される

付箋機能を活用しよう

あとで確認したい取引は、一覧で付箋をつけておくと、「絞り込み」機能を使って取引リストからすぐに該当する取引が検索できます。検索した取引の必要な個所を修正・入力します。「仕訳入力」画面でも同じ手順で付箋機能を活用できます。

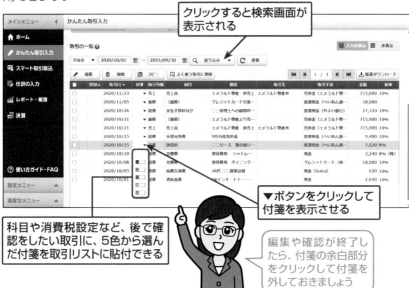

クリックすると検索画面が表示される

▼ボタンをクリックして付箋を表示させる

科目や消費税設定など、後で確認をしたい取引に、5色から選んだ付箋を取引リストに貼付できる

編集や確認が終了したら、付箋の余白部分をクリックして付箋を外しておきましょう

「絞り込み」画面で黄色の付箋のついた取引を検索します。

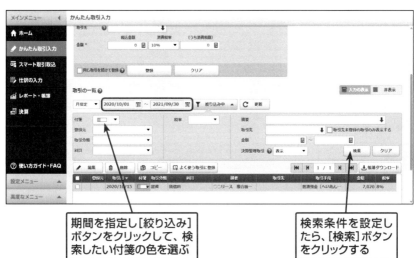

期間を指定し[絞り込み]ボタンをクリックして、検索したい付箋の色を選ぶ

検索条件を設定したら、[検索]ボタンをクリックする

SECTION 22　帳簿のダウンロード

　仕訳帳や総勘定元帳といった主要簿、または現金出納帳や売掛帳などの補助簿は単純な操作でダウンロードすることができます。

■ 仕訳帳のダウンロード

　ダウンロードしたデータは、PDFファイル形式で出力されますので、パソコンの設定や書式を気にすることなく印刷できます。ここでは仕訳帳と現金出納帳を説明します。なお、帳簿の詳細については第6章を参照してください。

1 メインメニューの「レポート・帳簿」からダウンロードしたい帳簿をクリックすると、仕訳一覧が表示されます。

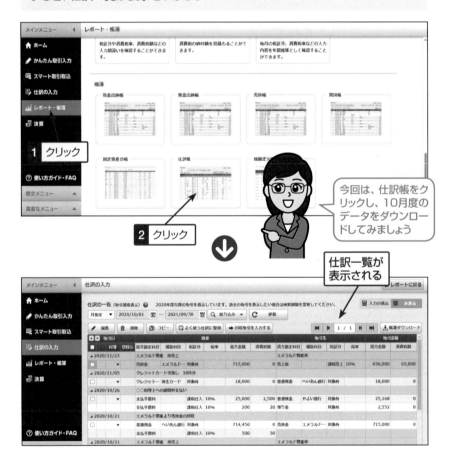

今回は、仕訳帳をクリックし、10月度のデータをダウンロードしてみましょう

仕訳一覧が表示される

2 「月指定」に切り替えて、取引期間の左側のカレンダーをクリックし、「10月度」をクリックします。

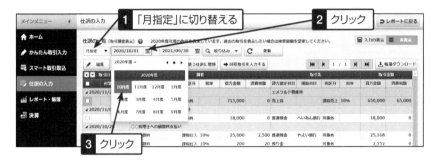

3 右側のカレンダーをクリックし、「10月度」をクリックします。

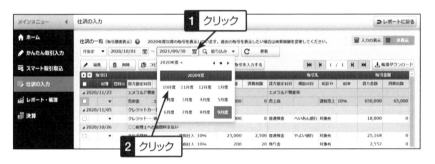

4 取引一覧が表示されたら[帳簿ダウンロード]ボタンをクリックします。

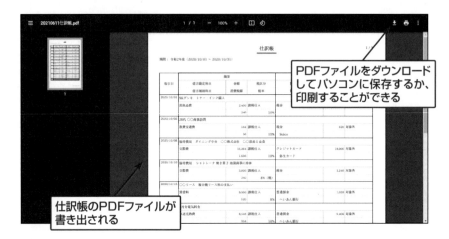

PDFファイルをダウンロードしてパソコンに保存するか、印刷することができる

仕訳帳のPDFファイルが書き出される

5 「現金出納帳」も同じ手順で出力します。メインメニューの「レポート・帳簿」から「現金出納帳」をクリックし、月指定と期間を選択して、取引一覧が表示されたら[帳簿ダウンロード]ボタンをクリックします。

2 月指定と期間を選択する

3 クリック

1 メインメニューの「レポート・帳簿」から「現金出納帳」をクリックする

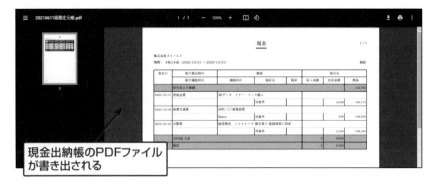

現金出納帳のPDFファイルが書き出される

SECTION 23 仕訳の入力

経理経験がある方におすすめの入力画面です。かんたん取引入力と共通の「よく使う仕訳」や「仕訳例を探す」機能がそのまま使えますので、必ずしも複式簿記の知識を必要としません。

■ 取引の入力と登録

かんたん取引入力との違いは、複合仕訳の入力ができることです。それ以外に大きな違いはありません。複合仕訳とは、ある1つの取引を1対複数、または複数対複数の科目で記帳する取引をいいます。

複合仕訳の代表例が、給与の支給取引です。この取引が下記のような内訳（仕訳）であるとします。

<table>
<tr><td colspan="6"><取引例>10月20日　従業員に給与を支給した</td></tr>
<tr><th>日付</th><th>借方科目</th><th>借方金額</th><th>貸方科目</th><th>貸方金額</th><th>摘要</th></tr>
<tr><td>10/20</td><td>給料手当</td><td>680,000</td><td>普通預金
（へいあん銀行）</td><td>559,700</td><td>10月度従業員給与支給</td></tr>
<tr><td></td><td></td><td></td><td>預り金</td><td>88,000</td><td>10月度社会保険料</td></tr>
<tr><td></td><td></td><td></td><td>預り金</td><td>12,500</td><td>10月度源泉所得税</td></tr>
<tr><td></td><td></td><td></td><td>預り金</td><td>9,800</td><td>10月度 住民税</td></tr>
<tr><td></td><td></td><td></td><td>立替金</td><td>10,000</td><td>従業員への立替</td></tr>
<tr><td></td><td>借方合計</td><td>680,000</td><td>貸方合計</td><td>680,000</td><td></td></tr>
</table>

「従業員に給与を支払った」という1つの取引に対し、「給料手当」や「普通預金」以外にも複数の勘定科目を用いて記帳しています。このように科目が1対1以外の取引を「仕訳の入力」から入力することができます。

1 仕訳の入力画面で、**[追加]** ボタンを3回クリックして仕訳の入力行を5行用意します。

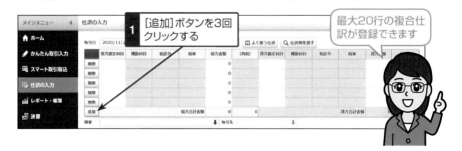

2 勘定科目（必要な場合は補助科目）、金額や摘要欄を入力して登録します。給与の支給は毎月発生する取引ですので、「よく使う仕訳」に登録しておくようにしましょう。

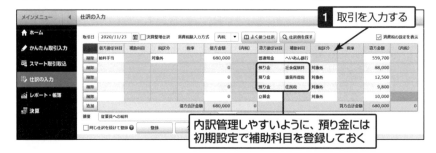

内訳管理しやすいように、預り金には初期設定で補助科目を登録しておく

3 貸借金額がバランスしないまま登録しようとすると、エラーメッセージが表示されます。借方と貸方の合計金額が一致しないまま取引を登録することはできません。手許の資料を確認して、貸借金額を一致させてから登録します。

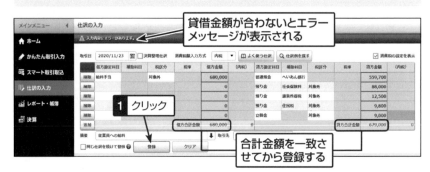

貸借金額が合わないとエラーメッセージが表示される

1 クリック

合計金額を一致させてから登録する

■ 貸借合計金額の自動入力

複合仕訳の最後に入力する金額欄で、キーボードの[Shift]キーを押したまま[=]キーか[+]キーを入力すると貸借一致する金額が自動入力されてとても便利です。（一行仕訳でも相手科目と同じ金額が自動入力できます）

複合仕訳の最後の金額入力欄に、[Shift]＋[=]キーを入力する

借方側と貸方側の合計額が一致する金額が自動入力される

項目移動は[Tab]キーを活用しよう

　複合仕訳の1行目を入力した後に[Enter]キーを押すと2行目のすぐ下の項目欄にカーソルが下りてしまいます。[Tab]キーを使うとカーソルが次に必要な入力項目に移動してくれますので、効率よく入力できます。

◆[Enter]キーを押した場合

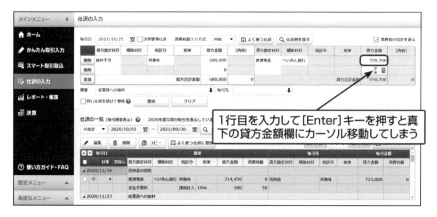

1行目を入力して[Enter]キーを押すと真下の貸方金額欄にカーソル移動してしまう

◆[Tab]キーを押した場合

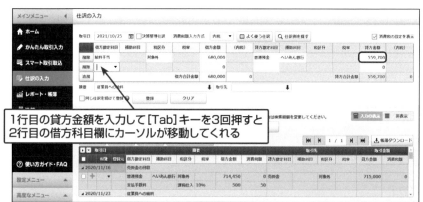

1行目の貸方金額を入力して[Tab]キーを3回押すと2行目の借方科目欄にカーソルが移動してくれる

🖊 複合仕訳に変換表示できる

「かんたん取引」から入力した取引でも、複合仕訳に該当する取引は、「仕訳入力」画面では複合仕訳として表示されます。（「仕訳入力」画面で取引を選択して**[編集]**ボタンをクリックした場合）

「仕訳の入力」画面では、掛代金の回収で、振込手数料が差し引かれて入金された複合仕訳として表示される

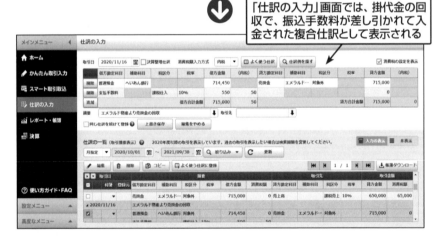

▼「かんたん取引入力」画面で取引を表示した場合

SECTION 24 仕訳の編集・削除・コピー

「かんたん取引入力」と同じ操作手順で、編集、削除、コピーができます。
ただし、「仕訳の入力」画面で登録した取引は、「仕訳の入力」画面でしか編集・
削除することができません。

▼ ［編集］ボタンをクリックした場合

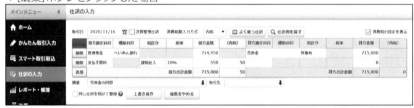

▼ ［削除］ボタンをクリックした場合

▼ ［コピー］ボタンをクリックした場合

1 「かんたん取引入力」の取引の一覧画面で⊘マークの付いた取引を編集したいときは、マーク右横の登録元（登録した帳簿の種類）をポイントします。登録元（「仕訳の入力」）が表示されますので、そのままダブルクリックします。

2 「仕訳の入力」画面に戻るので、必要な事項を修正して、**[上書き保存]** ボタンをクリックします。

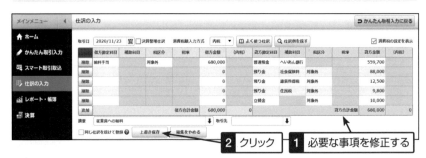

✍ 「固定資産」画面から登録した取引の編集は?

「振替」入力と同じように「固定資産画面」に戻ってから編集します。

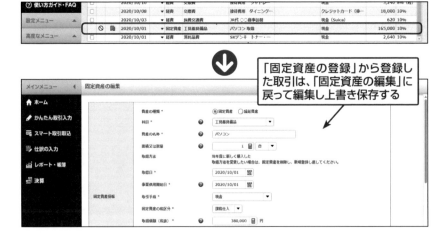

「固定資産の登録」から登録した取引は、「固定資産の編集」に戻って編集し上書き保存する

複合仕訳の摘要表示形式が選べる

　複合仕訳の摘要欄は、初期設定の取引全体用から1行ごとの明細用に摘要表示形式を変更することができます。給料の支給のように1行ごとの明細欄が必要な場合には、表示設定を切り替えておきましょう。

（「設定」メニュー → 「取引入力の設定」→ 「仕訳レイアウト設定」）

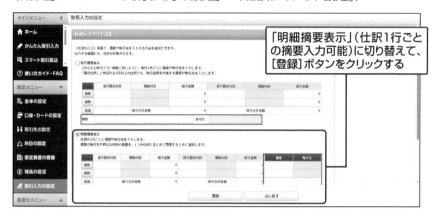

「明細摘要表示」（仕訳1行ごとの摘要入力可能）に切り替えて、[登録]ボタンをクリックする

▼「取引摘要表示」の場合

▼「明細摘要表示」の場合

帳簿にも選択した摘要表示形式の変更がそのまま反映されます

25 仕訳の絞り込み

入力済の仕訳の一覧から絞り込み機能を使って取引を検索できます。

■ 絞り込み機能を使って取引を検索

たとえば10月から11月までの期間で、摘要欄に「売掛金の回収」という文字列が含まれる取引を検索してみましょう。

1 [絞り込み]ボタンをクリックし、検索条件を指定して、取引を検索します。

2 絞り込まれた検索結果が表示されます。貸借合計金額欄の絞り込みは「○○円から○○円まで」、といった幅を持たせた検索ができます。検索条件をクリアしたい場合は、[クリア]ボタンをクリックします。検索が終了したら[絞り込み]ボタンをクリックして「絞り込み」を解除します。

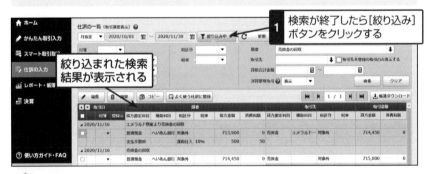

🖉 「かんたん取引入力」でも絞り込みができる

「かんたん取引入力」でも、仕訳と同じ手順で、取引の絞り込みができます。

SECTION 26 よく使う仕訳に登録

「仕訳の入力」「かんたん取引入力」どちらの一覧画面からでも取引を選択して、よく使う仕訳（取引）として登録できます。

■「仕訳の入力」の場合

取引を選択して、よく使う仕訳として登録します。

取引を選択して、[よく使う仕訳に登録]ボタンをクリックする

■「かんたん取引入力」の場合

取引を選択して、よく使う取引として登録します。

取引を選択して、[よく使う取引に登録]ボタンをクリックする

「かんたん取引入力」「仕訳の入力」どちらで入力すればいい?

「仕訳の入力」画面からしか入力できない取引(複合仕訳)以外は、どちらで入力しなくてはいけないという決まりはありません。気になるようであれば、重複入力などを防ぐため、「かんたん取引入力」の「よく使う取引」入力を積極的に活用し、複合仕訳は「仕訳の入力」の「よく使う仕訳」から入力するなど、ある程度の運用方針を意識して入力するようにしましょう。

▼かんたん取引入力の画面

▼仕訳の入力の画面

運用方針を意識して決めたルールで入力するようにしましょう

第 5 章

「スマート取引取込」を使いこなそう

27 「スマート取引取込」で 何ができるのか確認してみよう

　弥生会計 オンラインでは、取引のデータを入力するのではなく、取込可能なデータを自動取込、自動仕訳する「スマート取引取込」機能が用意されています。

　スマート取引取込を利用すると、日々の入力作業の手間を大幅に減らすことができます。ここでは、「スマート取引取込」の設定方法と運用例を確認しましょう。

■「スマート取引取込」とは

　スマート取引取込は、弥生の自動仕訳システム（YAYOI SMART CONNECT）により、銀行の入出金情報やクレジットカードなどの取引データや、レシートや領収書などをスキャンしたデータ、スマートフォンで撮影した画像データを連携するアプリや外部システムから取得し、自動取込や学習機能を備えた自動仕訳により、手入力ではなく仕訳データを作成・取り込む機能です。

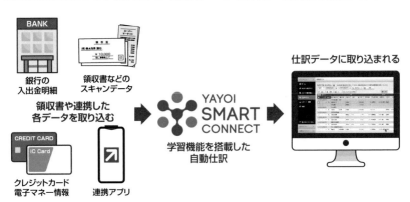

　利用できる主な連携アプリや機能は、最新の情報は、弥生株式会社ホームページの「関連製品・サービス」ページをご確認ください。

　URL https://www.yayoi-kk.co.jp/products/account-ol/relation/index.html

■スマート取引取込の設定画面

　スマート取引取込を利用するには、連携したいアプリや口座ごとに初期設定を行います。

1 弥生会計 オンラインのメインメニューから「スマート取引取込」をクリック します。

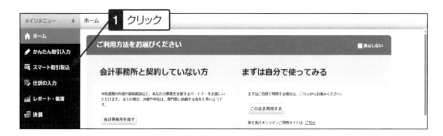

2 連携の設定等を行っていない状態で、「スマート取引取込」を初めて起動する と「はじめに」画面が表示されます。上部の緑色のアイコンをクリックすると、 該当の設定画面にリンクします。

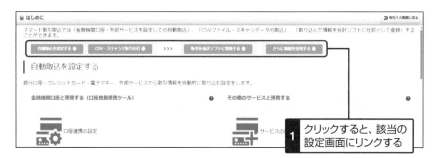

◆自動取込を設定する

銀行口座・クレジットカード・電子マネーの取引を取り込む口座連携の設定 や、連携する外部サービスやアプリとの連携の設定を行います。

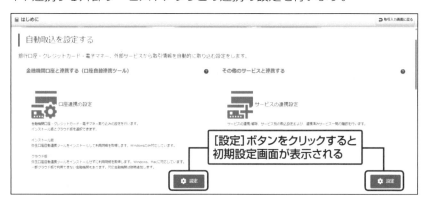

5

「スマート取引取込」を使いこなそう

◆CSV・スキャンで取り込む

自動連携できない金融機関の入出金明細CSVファイルや、レシート・領収書などのスキャンデータを取り込みます。

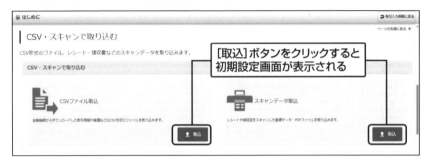

[取込]ボタンをクリックすると初期設定画面が表示される

◆取引を会計ソフトに登録する

自動取込・CSV・スキャンデータなど、取り込んだデータを確認して弥生会計 オンラインに仕訳として登録します。

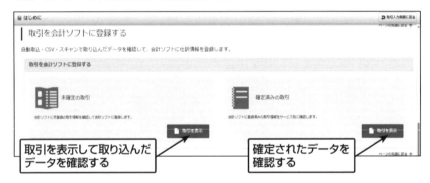

取引を表示して取り込んだデータを確認する

確定されたデータを確認する

◆さらに機能を活用する

取り込んだデータを仕訳に変換する際のルールや、同一仕訳のまとめ設定等必要に応じて設定します。

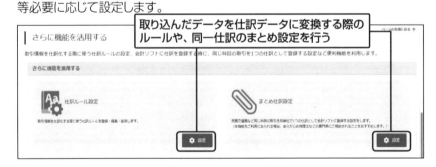

取り込んだデータを仕訳データに変換する際のルールや、同一仕訳のまとめ設定を行う

28 「スマート取引取込」の設定

ここでは、口座連携やスキャンデータ取込など各種設定の操作を確認しましょう。

■ 口座連携の設定

口座連携は、銀行口座、クレジットカード情報、電子マネーの利用明細を取り込み、弥生会計 オンラインの仕訳に取り込む機能です。口座連携を設定する前に、事前に金融機関とオンラインバンキング契約を結び、金融機関のサイトにログインができて残高や明細が確認できる状態になっている必要があります。口座連携機能には、クラウド版とインストール版があります。インストール版はWindowsのみの機能で、口座連携ツールをインストールして利用明細を連携します。クラウド版は口座連携ツールをインストールせずにクラウド上で利用明細を連携します。

1 「はじめに」画面の**[自動取込を設定する]**ボタンをクリックし、金融機関口座と連携する(口座自動連携ツール)の**[設定]**ボタンをクリックします。

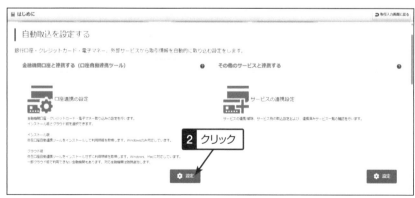

5

「スマート取引取込」を使いこなそう

2 　再度ログインを求める画面が表示されますので、**[ログイン画面へ]**ボタン
をクリックします。

3 　弥生IDとパスワードを入力し、**[ログイン]**ボタンをクリックします。

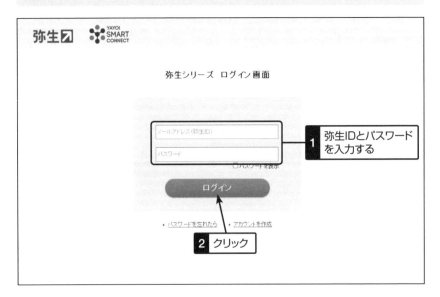

4 外部サービス連携確認画面が表示され、「口座連携の設定」と弥生シリーズ
との連携を許可する同意を求める画面が表示されます。内容を確認し、**[同意
の上連携する]**ボタンをクリックします。

5 口座登録手順を確認し、**[新規口座登録]**ボタンをクリックします。

6 登録したい金融機関を選択します。カテゴリをクリックし、五十音をクリックすると候補を絞り込みます。該当の金融機関をクリックし、**[金融機関を選択して次へ]**ボタンをクリックします。ここでは、銀行口座を登録する手順を説明します。なお、検索結果に表示されない場合は、対応していない金融機関の可能性があります。

7 選択した銀行のバンキングサービスの種類を選択し、取得方式を選択します。選択した金融機関とバンキングサービスの種類により、**[クラウド版 →]**ボタンがグレーになるものはインストール版のみに対応している金融機関サービスです。

8 **[クラウド版 →]**ボタンをクリックします（クラウド版の設定の場合）。

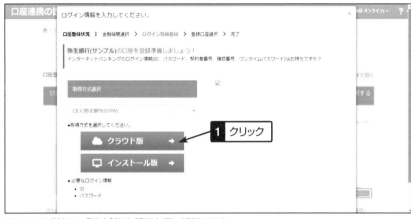

※ここでは例として［法人］弥生銀行を元に解説します。

9 金融機関のインターネットバンキングのログイン情報にログインID、パスワードなどを入力します（表示される項目は選択した金融機関によって異なります）。**[→次へ]**ボタンをクリックします。入力が必要な項目は、口座やサービスの種類によっても異なります。

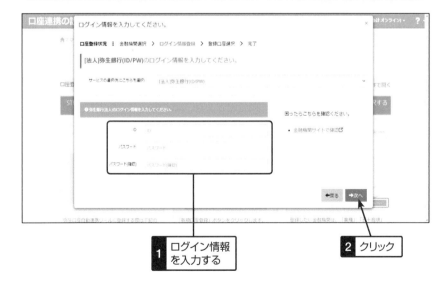

10 内容が合っているかどうかを確認し、「登録口座の選択」の該当口座に
チェックを入れます。[→口座登録]ボタンをクリックします。必要に応じて分
類を設定してください。

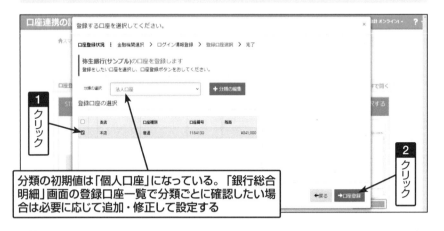

分類の初期値は「個人口座」になっている。「銀行総合
明細」画面の登録口座一覧で分類ごとに確認したい場
合は必要に応じて追加・修正して設定する

11 口座登録が完了した旨のメッセージが表示されます。今すぐ明細取得を行
う場合は[→明細取得へ]ボタンをクリックし自動更新画面に進みます。

12 [→明細取得開始]ボタンをクリックします。

「スマート取引取込」を使いこなそう
5

13 明細取得が終了すると「口座連携の設定」の「自動更新設定」画面が表示されます。自動更新を行う対象の口座や自動更新を行う時間帯を設定し、**[＋追加する]** ボタンをクリックして、「自動更新完了の通知メールを送る」をOnかOffに設定します。

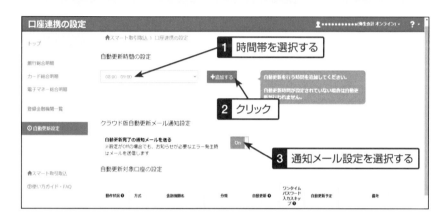

14 「自動更新対象口座の設定」で、自動更新をするかを、OnかOffに設定します。**[スマート取引取込]** ボタンをクリックすると、「スマート取引取込」メニューに戻ります。

「口座連携の設定」メニュー

連携する口座やクレジットカード、電子マネーを追加したい場合は、「口座連携の設定」メニューの「銀行総合明細」「カード総合明細」「電子マネー総合明細」の各画面から**[新規口座登録]**ボタンをクリックして、追加の設定を行います。「登録金融機関一覧」画面では、登録済みの金融機関情報が一覧表示されます。削除や修正を行う場合は、該当の金融機関名をクリックし設定を行います。**[スマート取引取込]**ボタンをクリックすると、口座連携設定画面を閉じて「スマート取引取込」メニューに戻ります。

■ サービスの連携の設定

「スマート取引取込」メニューに戻ると「連携済みのサービス一覧」画面が表示されるので、サービスの連携の設定を行います。

1 「取引の取得に必要な準備が完了していません」というメッセージをクリックし、サービス取得の設定を行います。

2 「サービス取得の設定」画面が表示されたら、「補助科目」を登録していない場合は、新規に補助科目を追加します。既存の補助科目を割り当てる場合は、▼ボタンをクリックして補助科目を選択します。「取引開始日」「主な用途」を選択し、**[保存する]**ボタンをクリックして設定します。

3 口座連携設定が完了すると、自動で取引データが「未確定の取引」に取り込まれます。時間指定をしている場合には、指定時刻に取り込みされます。未確定データの仕訳への取り込みは、128ページの「取引を会計ソフトに登録する」をご確認ください。

SECTION 29 入出金明細CSVファイルを取り込む

　自動連携できない金融機関の入出金明細CSVファイルを取り込み、仕訳に取り込む機能について解説します。

■CSVファイルを取り込む

1 「はじめに」画面の**[CSV・スキャンで取り込む]**ボタンをクリックします。

2 「CSVファイル取込」の**[取込]**ボタンをクリックします。

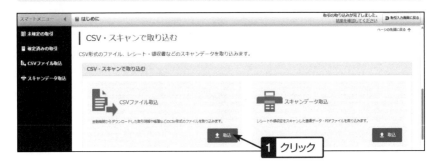

3 「CSVファイル取込」画面が表示されるので、取り込むファイルを選択します。「ここにファイルをドロップするか、クリックしてファイルを選択してください」へファイルを取り込みます。ファイルの取り込みが完了すると自動で次画面に移動します。

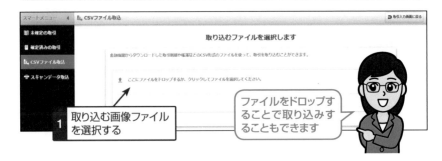

4 CSVデータの内容が取り込まれるので、まずは取引手段を設定します。「勘定科目」、「補助科目」が取り込まれるが、勘定科目・補助科目ともに▼ボタンで他の科目に変更が可能です。科目は事前に設定をしておくと便利です。

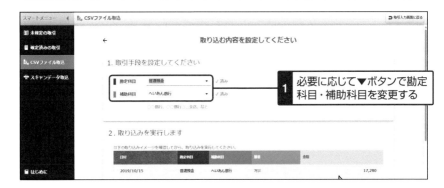

5 [取り込みを実行する]ボタンをクリックします。取り込みされたデータは、「未確定の取引」に表示されます。未確定の取引から仕訳への取り込み操作は、128ページの「取引を会計ソフトに登録する」をご確認ください。

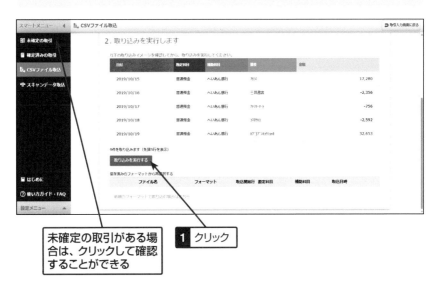

SECTION

(30) スキャンデータを取り込む

　スキャンやスマートフォンの専用アプリから読み込んだ、レシートや領収書の画像データを取り込み、仕訳に取り込む機能について解説します。

■ スキャンデータを取り込む

1 「はじめに」画面の **[CSV・スキャンで取り込む]** ボタンをクリックします。

2 「スキャンデータ取込」の **[取込]** ボタンをクリックします。

3 「スキャンデータ取込」画面が表示されるので、ファイルを選択します。「ここにファイルをドロップするか、クリックしてファイルを選択してください」へスキャンしたレシートや領収書の画像ファイル（JPEG、PDF）をアップロードします。

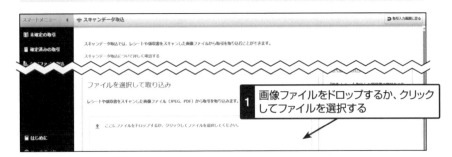

4 アップロードされたレシートや領収書画像データをダブルクリックします。

5 自動解析された情報を確認し、必要に応じて内容を変更します。情報変更後は、**[保存]** ボタンをクリックします。保存されたデータは、「未確定の取引」に表示されます。未確定の取引から仕訳への取り込み操作は、128ページの「取引を会計ソフトに登録する」をご確認ください。

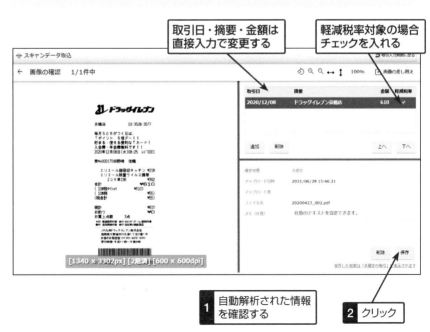

31 取引を会計ソフトに登録する

口座連携やCSVデータ、スキャンデータなどから取り込んだデータを会計ソフトに登録する操作について解説します。

■ 取引を会計ソフトに登録

1 「未確定の取引」をクリックして、未確定の取引を表示します。

2 「未確定の取引」画面では、読み込みデータの種類に分けて表示できます。

▼「未確定の取引」のタブについて

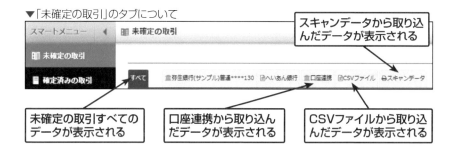

スキャンデータから取り込んだデータが表示される

未確定の取引すべてのデータが表示される

口座連携から取り込んだデータが表示される

CSVファイルから取り込んだデータが表示される

3 変更したい箇所をクリックして、各項目を変更します。データ変更は、「勘定科目」「補助科目」「摘要」「軽減税率」の設定などが可能です。仕訳データへの取り込みは、「取引の登録」を**[する]**にします。

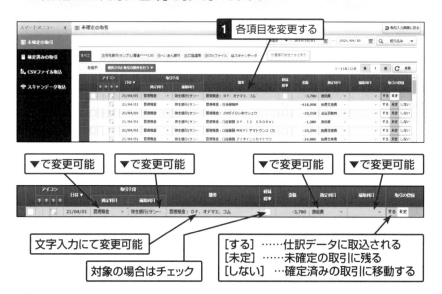

1 各項目を変更する

▼で変更可能

文字入力にて変更可能

対象の場合はチェック

[する] ……仕訳データに取込される
[未定] ……未確定の取引に残る
[しない] …確定済みの取引に移動する

アイコンの表示を確認しよう

アイコンには、取引元の情報や証憑が添付されているか表示されます。

❶ エラー発生時にアイコンを表示
❷ 仕訳ルールが適用されている場合にアイコン表示
❸ 取引元のサービスを表すアイコンを表示
❹ 証憑が存在する場合にアイコンを表示

4 明細ごとの修正が完了後、画面下にある**[表示されている全ての取引を確定する]**ボタンをクリックすることで仕訳データが作成できます。

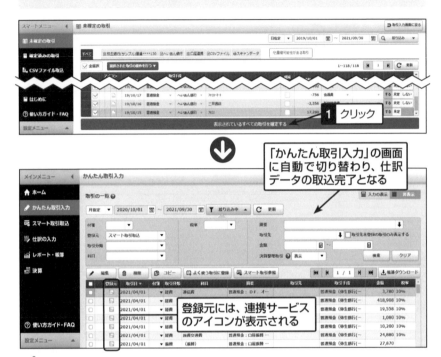

「かんたん取引入力」の画面に自動で切り替わり、仕訳データの取込完了となる

登録元には、連携サービスのアイコンが表示される

📝 明細ごとの個別操作

　未確定の取引画面では、操作を行う取引にチェックを入れると、明細ごとの個別の操作が可能です。

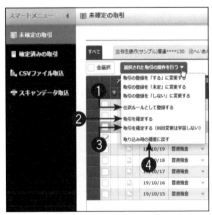

❶ 仕訳ルールとして登録することができます。適用文字が完全に一致した仕訳ルールとして登録されます。

❷ 取引の登録を選択後、個別に取引状況を反映します。

❸ 取引の登録を選択後、個別に取引状況を反映します。ただし、CSVから取り込んだデータを変更した科目をスマート取引機能が学習しません。

❹ 摘要を編集の後、取り込み時の摘要に戻します。

SECTION 32 スマートフォンから取引を取り込む

　スマートフォンの「弥生 レシート取込アプリ」を活用すれば、レシートを取り込み、データを仕訳に反映することができます。

■ スマートフォンから取り込む

　スマートフォンから取引を取り込めるので、レシートを受け取ったその場ですぐに操作ができます。仕訳の登録忘れなども防げます。

1 iPhoneは「Appストア」、Androidなどは「Google Playストア」から、「弥生 レシート取込アプリ」を検索し、ダウンロードします。

2 「弥生 レシート取込アプリ」を起動し、弥生IDとパスワードを入力し、ログインします。

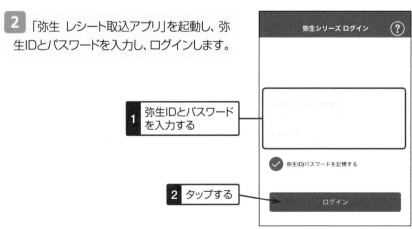

3 カメラのアイコンをタップし、レシートや領収証を撮影します。

4 読み込まれたデータの項目を編集します。編集したいデータを選んで、レシート類の画像が表示されたら、未設定の項目を選ぶと文字が入力できます。

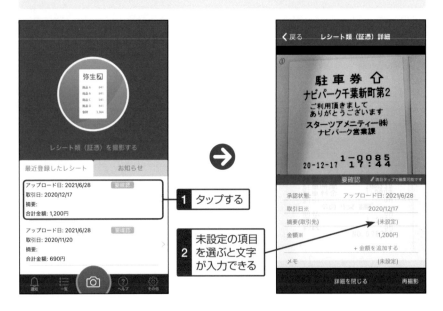

5 編集終了後、**[保存]**ボタンをタップする
と弥生会計 オンラインの「スキャンデータ
取込」に保存されます。

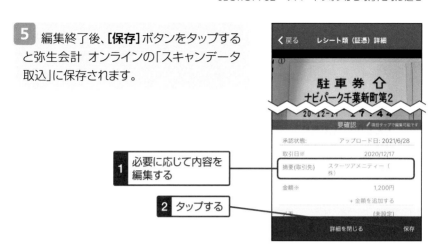

6 弥生会計 オンラインの「スマート取引取込」メニューの「スキャンデータ取
込」をクリックし、「最近アップロードした画像を表示する」をクリックします。

7 表示された要確認のレシート（証憑）を確認し、保存したいレシートにチェッ
クを入れて、**[保存]**ボタンをクリックします。

🖋 間違ってアップロードした証憑を削除する

　間違って同じレシート（証憑）をアップロードしてしまった場合には、削除したいレシートにチェックを入れて、[削除]ボタンをクリックすると保存前に削除することが可能です。

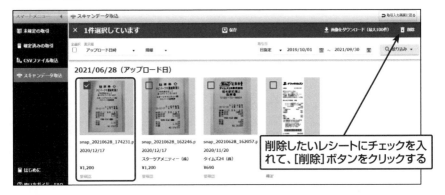

削除したいレシートにチェックを入れて、[削除]ボタンをクリックする

8 　保存されたデータは、「未確定の取引」に表示されます。項目内の修正が必要な場合には、勘定科目、補助科目、摘要等、直接修正することが可能です。取引に間違いがなければ、「取引の登録」の項目で[する]を選択します。[未定]を選択するとデータは未確定データ内に残ります。[しない]を選択すると取引登録しないデータとして、確定済みの取引に保存されます。内容を確認し[表示されている全ての取引を確定する]ボタンをクリックします。

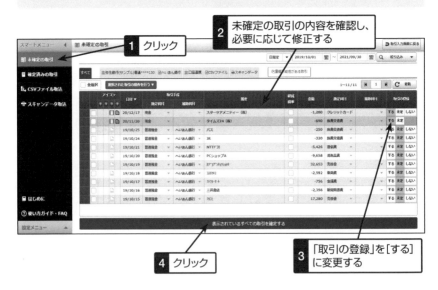

1 クリック

2 未確定の取引の内容を確認し、必要に応じて修正する

3 「取引の登録」を[する]に変更する

4 クリック

5 「スマート取引取込」を使いこなそう

第6章

帳簿とレポート機能を確認しよう

33 帳簿・レポートの種類

「かんたん取引入力」や「仕訳入力」から取引を入力すると、関係する帳簿や集計表に数字が自動で転記・集計されていきます。

弥生会計 オンラインでは、入力をした内容を確認しやすくまとめられた帳簿や、利益の獲得状況や資産・負債の残高を確認できるレポート機能があります。レポートでは、視覚的にわかりやすいグラフや図解などによって、会社の業績や現状の課題をより正確に把握することができます。

■ 帳簿の種類

メインメニューの「レポート・帳簿」には、主要簿である「総勘定元帳」と「仕訳帳」、補助簿である「現金出納帳」と「預金出納帳」、「売掛帳」、「買掛帳」、「固定資産台帳」の7種類の帳簿が用意されています。

帳簿は入力した仕訳を目的別にまとめたものです。まとめることにより入力後に確認しやすくなっており、間違いがないかのチェックの際に役立ちます。

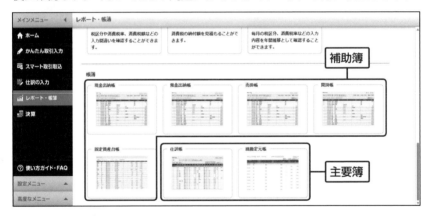

各帳簿画面では、**[帳簿ダウンロード]**ボタンをクリックすると、帳簿のPDFファイルをダウンロードすることができます。

■ 現金出納帳

現金の入出金をまとめた帳簿です。入力した仕訳をもとに、指定した期間の収入金額や支出金額、および残高が日付順に一覧表示されます。

表示したい期間を指定します

選択すると補助科目ごとに現金の収支が表示されます

帳簿の内容が正しいかどうかのチェックをしよう

現金出納帳は仕訳の入力をすれば自動で転記されるため、作る手間はありませんが、その内容が正しいかどうかは確認する必要があります。何をもって正しいかと言うと、「実際の現金の入出金の動きと同じ内容が入力されているか」になります。

まずは残高を確認していきます。現金の入出金の動きがあったことにより、手元に残った硬貨や紙幣の合計が実際の現金残高ということになります。この現金の入出金の動き通りに仕訳の入力をしているはずなので、現金出納帳画面の残高の金額も実際の現金残高と同じになるはずです。つまり、実際の硬貨や紙幣の合計が現金出納帳の残高と違う金額の場合、入力のどこかに間違いがあるということになります。

6 帳簿とレポート機能を確認しよう

残高の金額が違うようであれば、違う原因を突き止め、その間違いの内容に応じて仕訳の入力・修正・削除をします。

◆入力する場合

入力漏れがあった場合、かんたん取引入力または仕訳入力の画面で新規に入力します。古い日付のものであっても現金出納帳の画面は日付順に並んで残高が計算されます。

◆修正する場合

日付や勘定科目、摘要、税区分、金額などが間違いであった場合、該当する行をダブルクリックすると、その仕訳を入力した画面が表示されるので修正します。

◆削除する場合

同じ内容を2回入力したものや今年度ではないものを入力した場合、該当する行をダブルクリックすると、その仕訳を入力した画面が表示されるので削除します。

補助科目ごとに絞り込んで表示しよう

補助科目がある場合には、入力した補助科目ごとに絞り込みをすることができます。表示される残高の金額も補助科目ごとの残高が表示されます。

たとえば「SUICA」を選択し、[絞り込み]ボタンをクリックすると…

摘要や税区分など項目を指定して、**[絞り込み]** ボタンをクリックすると、取引を絞り込むこともできます。

6 帳簿とレポート機能を確認しよう

■ 預金出納帳

現金の預け入れや引き出しをまとめた帳簿です。入力した仕訳をもとに、指定した期間の預入金額や引出金額、および残高が日付順に一覧表示されます。

勘定科目では普通預金や当座預金といった預金の種類を、補助科目では銀行または支店などを指定します。

■売掛帳

売掛金の増加（売上の発生）と減少（代金の回収）をまとめた帳簿です。入力した仕訳をもとに、指定した期間の売上金額と回収金額、および残高が日付順に一覧表示されます。

補助科目では取引先（得意先）を指定することで、「得意先ごとの売上・入金の動きと残高」がまとめられた帳簿になります。

得意先ごとに絞り込むと、例えば毎月月末に締めて1カ月分を請求し、翌月に入金する場合には、月末に増加し翌月に同額減少することで、その時点での残高が0円になります。売掛帳がそのような動きになっているか確認しましょう。正しい残高になっているかどうかは請求書を見て確認します。

[帳簿ダウンロード]をクリックするとPDFファイルに出力できる

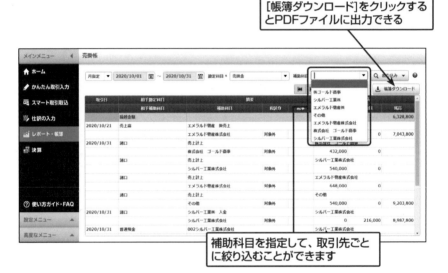

補助科目を指定して、取引先ごとに絞り込むことができます

📝 請求額から振込手数料が差し引かれて入金された場合

売掛帳では請求と回収をまとめて確認することができるので、差額があれば気付くことができます。後日に差額の入金が予定されているようであればそのまま残しておくものですが、その差額の内容が振込手数料でこちら側が負担するものである場合、手数料を差し引かれた金額で入金の入力をしていると、そのような差額が残ってしまいます。

差額がない（＝すべて回収済）とするには、売掛帳に表示されている入金の仕訳をダブルクリックし、修正しましょう。

　かんたん取引入力で入力した仕訳を修正する場合、金額は入金額から請求額に変更し、手数料負担を当方負担に切り替え、振込手数料に差額金額を入力します。

　修正後はあらためて売掛帳で差額がなくなったことを確認しましょう。

入金の入力を修正し、上書き保存します

■ 買掛帳

　買掛金の増加（仕入の発生）と減少（代金の支払い）をまとめた帳簿です。入力した仕訳をもとに、指定した期間の売上金額と回収金額、および残高が日付順に一覧表示されます。

　補助科目では取引先（仕入先）を指定することで、「仕入先ごとの仕入・支払の動きと残高」がまとめられた帳簿になります。

■ 固定資産台帳

　登録した固定資産の一覧表です。資産ごとに帳簿価額や当期に計上する減価償却費の額の確認をすることができます。

　[ダウンロード]ボタンからPDFファイルをダウンロードすることができますが、画面で内容を確認することもできます。

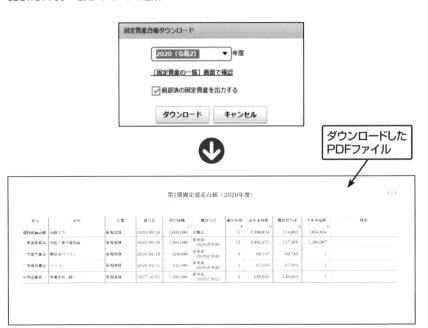

ダウンロードした
PDFファイル

■ 仕訳帳

「かんたん取引入力」や「仕訳の入力」から登録したすべての取引が、日付順に複式簿記の仕訳の形で登録される主要簿です。

画面は「仕訳の入力」と同じ画面が表示されます。（入力部分が非表示）

☑「かんたん取引入力」画面で入力した取引を仕訳の形で確認しよう

「かんたん取引入力」画面は借方や貸方を意識することなく簡単に入力することができる画面ですが、すべての取引は仕訳の形にする必要があります。

6 帳簿とレポート機能を確認しよう

　弥生会計 オンラインでは「かんたん取引入力」画面で入力したデータも自動で仕訳の形にしてくれますが、「かんたん取引入力」画面では仕訳の形で確認することができません。

　入力した取引が仕訳の形では、どのようになっているかの確認は「仕訳帳」の画面で行いましょう。

■ 総勘定元帳

　「かんたん取引入力」や「仕訳入力」から登録したすべての取引を、種類（簿記の勘定科目）ごとに集計した、もう一つの主要簿です。総勘定元帳を見れば、「いつどんな取引をしたのか」がすぐにわかります。

　また、科目に設定した補助科目ごとに取引を絞り込むことができます。

売掛金を取引先（補助科目）ごとに
絞り込む（補助元帳）ことができる

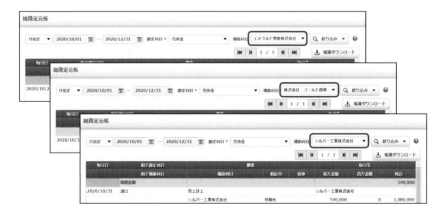

総勘定元帳で行う2つの確認

　総勘定元帳では、「内訳の確認」「科目の入力間違いの確認」をすることができます。「内訳の確認」は、例えば1年間の地代家賃が1,200,000円あったとします。その内訳を見たいという場合に総勘定元帳を確認します。

　1年間通して地代家賃を支払っているようであれば12カ月分の内訳が表示されるはずです。毎月など定期的な支払いは、その支払回数分の入力がされているかを確認しましょう。

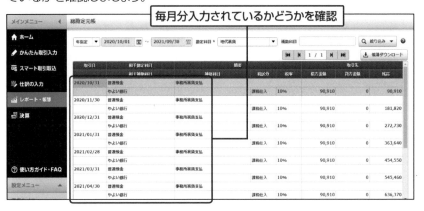

　「科目の入力間違いの確認」は、例えば消耗品費の総勘定元帳の中に消耗品費以外の内容の取引が表示されるかどうかの確認です。入力中や仕訳帳の画面では勘定科目を間違えてしまった場合でもなかなか気付きませんが、総勘定元帳はその科目だけ表示されますので、それ以外のものがあるか気付きやすいため、科目の入力間違いの確認に向いています。

主要簿を印刷しよう

　仕訳帳や総勘定元帳といった主要簿は決算を終えた際に印刷して保管しましょう。弥生会計 オンラインでは電子帳簿保存に対応していないため、紙により一定期間保管します。

仕訳帳

期間：令和2年度（2020/10/01 ～ 2020/10/31）

取引日	摘要				取引先			
	借方勘定科目	金額	税区分		貸方勘定科目	金額	税区分	
	借方補助科目	消費税額	税率		貸方補助科目	消費税額	税率	
2020/10/01	SKデンキ　トナー・インク購入							
	消耗品費	2,400	課税仕入		現金	2,640	対象外	
		240		10%				
2020/10/01	収入印紙							
	租税公課	1,200	対象外		現金	1,200	対象外	
2020/10/01	社会保険料							
	預り金	187,023	対象外		普通預金	187,023	対象外	
	社会保険料				やよい銀行			
2020/10/03	JR代　○○商事訪問							
	旅費交通費	564	課税仕入		現金	620	対象外	
		56		10%	SUICA			
2020/10/05	得意先接待　割烹料亭							
	交際費	43,637	課税仕入		現金	48,000	対象外	
		4,363		10%				
2020/10/05	電話料金・携帯・インターネット							
	通信費	14,546	課税仕入		普通預金	16,000	対象外	
		1,454		10%	やよい銀行			
2020/10/08	接待費用　ダイニング中央　○○喫食会　○名							
	交際費	16,364	課税仕入		未払金	18,000	対象外	
		1,636		10%	クレジットカード			

売上高

株式会社スリーエス千葉オフィス
期間：令和2年度（2020/11/01 ～ 2020/11/30）

税抜

取引日	相手勘定科目	摘要			取引先		
	相手補助科目	補助科目	税区分	税率	借方金額	貸方金額	残高
	前月度より繰越						**3,791,823**
2020/11/21	売掛金	エメラルド物産　掛売上					
	エメラルド物産株式会社		課税売上	10%		540,000	4,331,823
2020/11/30	売掛金	001株式会社　ゴールド商事					
	株式会社　ゴールド商事		課税売上	10%		294,546	4,626,369
2020/11/30	売掛金	002シルバー工業株式会社					
	シルバー工業株式会社		課税売上	10%		392,728	5,019,097
2020/11/30	売掛金	003エメラルド物産株式会社					
	エメラルド物産株式会社		課税売上	10%		490,910	5,510,007
2020/11/30	諸口	999その他					
			課税売上	10%		54,000	
	諸口	999その他					
			課税売上	10%		441,819	
	諸口	999その他					
			課税売上	10%		486,000	6,491,826
	11月度 合計				**0**	**2,700,003**	
	総計				**0**	**2,700,003**	

SECTION

34 取引・残高レポートの種類

指定した期間の損益計算（事業成績）や貸借科目（プラスの財産とマイナスの財産のバランス）、または売上や経費など科目ごとの集計金額の推移を表示します。

■ 取引・残高レポート

メインメニューの「レポート・帳簿」には、「日別取引レポート」「残高試算表」「残高推移表」などが表示できるメニューがあります。

各帳票類は、[帳票ダウンロード]ボタンから[PDFダウンロード]や[Excelダウンロード]をすることができます。

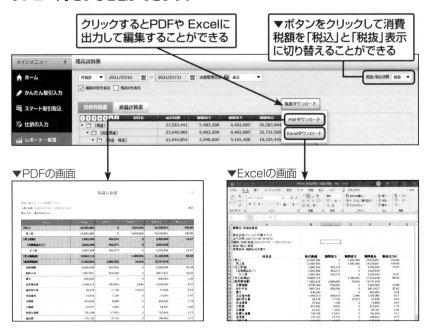

クリックするとPDFや Excelに出力して編集することができる

▼ボタンをクリックして消費税額を「税込」と「税抜」表示に切り替えることができる

▼PDFの画面　　　　　　▼Excelの画面

146

■ 日別取引レポート

指定した期間の損益のバランス（売上や仕入・各経費の対比）が確認できます。
（たとえば「売上に見合った無駄のない経費の支出かどうか」などのチェック）

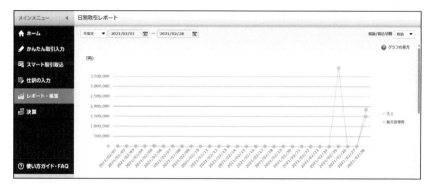

■ 残高試算表

経理業務では、もっとも確認する機会の多い資料です。内部管理や外部報告資料の基礎となる重要な集計表です。

期間を指定して残高試算表を表示してみましょう。

◆損益計算書

指定した期間の事業成績（利益の獲得状況）を表示します。

▼損益計算書イメージ図（PDF）

▼損益計算書イメージ図（Excel）

6
帳簿とレポート機能を確認しよう

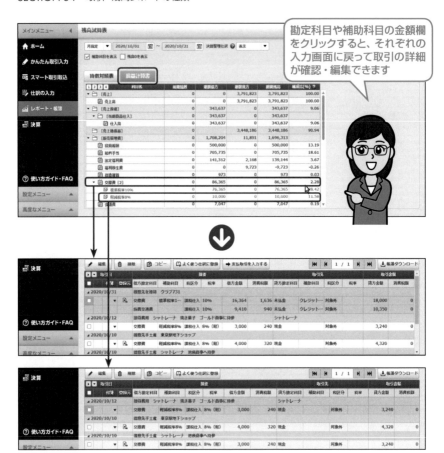

勘定科目や補助科目の金額欄をクリックすると、それぞれの入力画面に戻って取引の詳細が確認・編集できます

◆貸借対照表

指定した期間の末日現在の財産の状態を表示します。

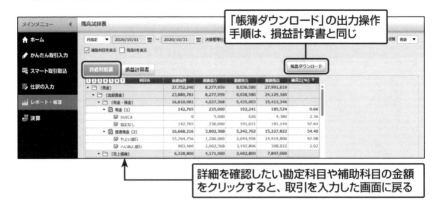

「帳簿ダウンロード」の出力操作手順は、損益計算書と同じ

詳細を確認したい勘定科目や補助科目の金額をクリックすると、取引を入力した画面に戻る

■ 残高推移表

　残高推移表は、残高試算表と同じような集計の画面です。貸借対照表では残高が、損益計算書では増減額が、月ごとに横に集計されます。

　なお、**[積上表示]**にチェックを付けると、増減額ではなく累計額が集計されます。

> チェックを付けると、増減額ではなく累計額が集計される

🖋 残高試算表や残高推移表を使った検証

　残高試算表は検証にもよく使われる画面です。貸借対照表では、各勘定科目の「期間残高」の金額が実際の金額と一致するかを確認しましょう。

　例えば普通預金は通帳の内容を入力しているはずなので、入力を集計した結果である残高試算表の期間残高は、通帳に記載されている残高（実際の金額）と一致するはずです。もし、一致しないようであれば、クリックで詳細を確認、あるいは総勘定元帳の画面で間違っている原因を見つけて修正します。

　損益計算書では、残高のある科目1つひとつをクリックして詳細を確認、あるいは総勘定元帳の画面で、科目の入力間違いが無いかを確認しましょう。

　損益計算書での確認は、残高推移表だと前月以前の金額が左側に並んでいるので、前月以前と比べ異常な金額に気付きやすいです。

SECTION

35 損益レポート

メインメニューの「レポート・帳簿」には、グラフなど視覚的に分かりやすい「損益レポート」が用意されています。科目別・取引先別にも表示できるメニューです。

■ 損益レポートの種類

指定した期間の損益(売上などの収益や仕入、経費といった費用の収支)の推移が表示されます。科目や取引先(補助科目)別の内訳や比率(傾向)もグラフ表示されて視覚的にわかりやすく把握できるため、利益計画や予算管理などに有効活用することができます。

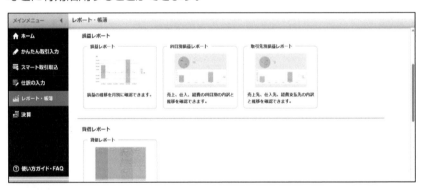

■ 科目別損益レポート

科目別損益レポートをクリックして表示してみましょう。単に集計表だけでなく、その科目が全体に占める比率をグラフで確認できます。

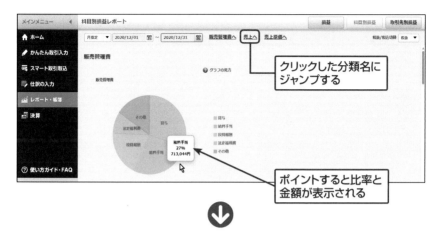

クリックした分類名に
ジャンプする

ポイントすると比率と
金額が表示される

売上や売上原価(仕入)
にも取引先(補助科目)
を設定しておくと、内訳
が表示されます

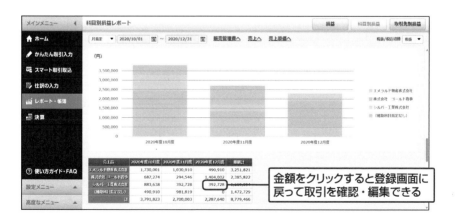

金額をクリックすると登録画面に
戻って取引を確認・編集できる

6
帳簿とレポート機能を確認しよう

必要があれば、修正して
上書きします。

■ 損益レポート

　指定した期間の収益(売上や手数料収入など)と費用(売上原価や経費)が
グラフでバランス表示されます。収益と費用の差額が営業利益です。

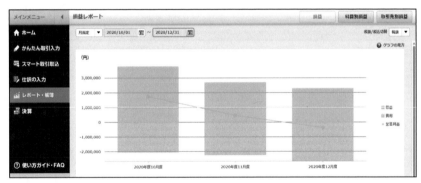

※売上高とその売上原価との差額は売上総利益(いわゆる粗利益)です。

SECTION
36 貸借レポート

指定した時点の貸借対照表を財産の状態（プラスの財産とマイナスの財産のバランス）が色分けされてわかりやすく図解で表示されます。

🐾 債務超過は危険信号!

資産と負債の差額がその企業の純粋な正味の価値（純資産）です。もし純資産がマイナスになってしまうとそれは債務超過の状態（会社がマイナスの価値）となるため、早急な財務改善が必要です。

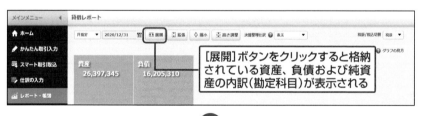

[展開]ボタンをクリックすると格納されている資産、負債および純資産の内訳（勘定科目）が表示される

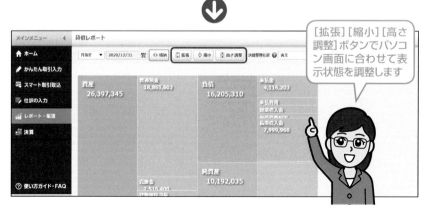

[拡張][縮小][高さ調整]ボタンでパソコン画面に合わせて表示状態を調整します

SECTION 37 消費税の確認

メインメニューの「レポート・帳簿」には、「科目別消費税額の確認」「消費税納付見込額の確認」「消費税設定別金額の年間推移」が表示できるメニューがあります。

■ 消費税の確認

科目別に入力した取引の税率、概算の納付額または月ごとの税額推移などが確認できます。特に経費関連の取引は、課税の有無や標準税率（10%）か軽減税率（8%）なのかなど、間違えやすいため、一定期間ごとに確認するようにしましょう。

■ 科目別消費税額の確認

取引（科目）ごとに税区分別に消費税額を確認できる一覧表です。

交際費のように、標準税率と軽減税率が混在する取引で、もし修正が必要な場合は、金額をクリックして入力画面に戻って編集する

「絞り込み」機能で、科目別や税率ごとに消費税を確認することができます。

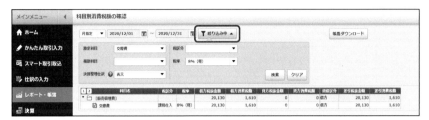

絞り込んだ取引をダブルクリックして、取引を上書き編集します。

■ 消費税納付見込み額の確認

　ここで表示される金額はあくまで概算納付額です。消費税の具体的な納付額等は、所轄の税務署か顧問税理士にご相談ください。

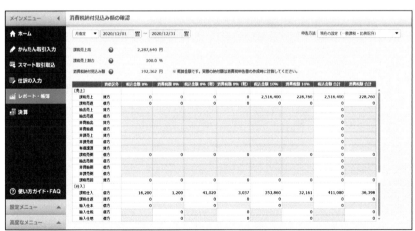

6 帳簿とレポート機能を確認しよう

▼実際の消費税申告書・付表（デスクトップ版）

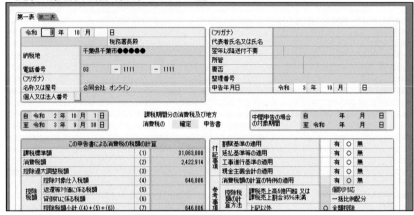

※弥生会計 オンラインでは、消費税申告書の作成はできません。

💡実際の消費税申告納付額は？

　期限までに確定（中間）申告納付することになる消費税額は、経理方式（税込経理・税抜経理）や申告方法（本則課税・簡易課税）などにより、税区分（標準税率10％、軽減税率8％および経過措置8％）ごとに細かく計算を積み上げて算出します。

　また、実際の納付額は、単に売上にかかる消費税額から仕入や経費に掛かる消費税額を控除した額とは、かならずしも一致しません。それでも売上高や課税の対象となる売上高の割合が大きく変動すると、以降の納付額や申告義務の有無などにも大きく影響しますので、一定期間ごとに消費税の納付概算額を把握しておくことはとても重要です。なお、申告書作成の詳細は、所轄税務署か顧問税理士にご相談ください。

■ 消費税設定別金額の年間推移

消費税を設定した税区分(標準税率:10%、軽減税率:8%(軽)、経過措置:8%)ごとに消費税額の推移が確認できます。

正確な申告書は日々の正確な取引入力が重要

日々の取引入力で、消費税の課税の有無、適用税率を正確に取り扱うことが、正しい申告書の作成に直結します。特に交際費や食料品(飲料)にかかる経費などは、摘要や補助科目を使って正確に登録するようにしましょう。

◆補助科目ごとの税区分が異なる取引の場合(例えば交際費)

補助科目ごとに異なる税区分
や税率を設定しておきます

　　注意が必要な取引は、税区分を間違えないように摘要欄にも区分などを入
力しておいて、「よく使う取引」や「よく使う仕訳」に登録しておきましょう。

▼軽減税率が適用される取引の入力例（週2回以上刊行される紙媒体の新聞購読料）

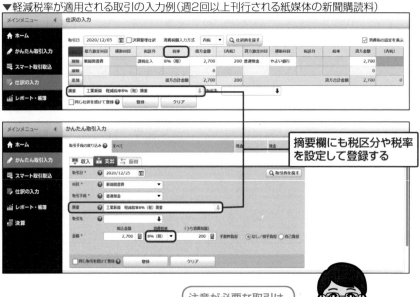

摘要欄にも税区分や税率
を設定して登録する

注意が必要な取引は、
摘要欄にも区分などを
入力しておくと、入力
ミスが軽減できます

第7章

決算作業を行ってみよう

SECTION 38 決算準備をしてみよう

決算は年に1度の作業です。やり方を覚えたとしても1年も経てば忘れてしまうので、なかなか慣れるのは難しいと思います。しかし、決算はとても大切な作業です。ここで確定した数字というのは法人税や所得税を計算する上でも、とても重要です。

■ 決算って何?

決算は会社の会計期間(通常1年間)の締めになります。営業活動の結果、いくらの儲けが出たのか、財産の状態はどうなっているのか、ということを計算してまとめる、一連の作業のことを「決算」といいます。

減価償却その他決算整理を行い、1年間の利益を確定します。さらにそこから、会計期間内でどれだけの利益があったのか、会計期間を終えた時点でどれだけの資産・負債・純資産があるのかなどを決算書としてまとめます。

◆作成される決算書の例

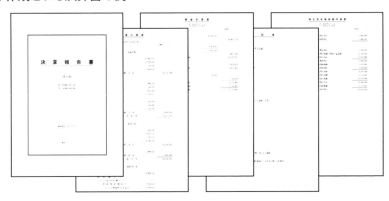

■ 決算作業を始める前に

決算書は、日々の入力した仕訳を集計したものから作成されます。そのため、入力した仕訳が間違っていれば、決算書も間違ったまま作成されてしまいます。決算作業を始める前に、今までの入力に間違いがないかどうかを、メインメニューの「レポート・帳簿」→「残高試算表」「総勘定元帳」などの画面で確認を行い、もし違っている場合は、原因を追究し、正しい残高になるように仕訳を追加・修正・削除していきます。

7 決算作業を行ってみよう

弥生会計 オンラインでは、メインメニューの「決算」で、決算書の作成を するための作業を順番に行っていけば、簡単に決算書が作成することができ ます。

■ 決算の手順

1 メインメニューの「決算」をクリックすると、「決算の手順」画面が表示され ます。

2 まずは**[決算を行う年度]**の▼をクリックし、年度を確認します。年度が違う 場合にはリストから年度を切り替えます。年度を選択をしたら、Step1〜 Step3まで順番に作業をしていきます。

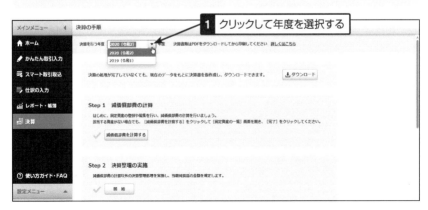

減価償却費を計算してみよう

固定資産はその金額を、耐用年数にわたる期間に費用として振り分けていきます。

■ 減価償却費の計算

費用として振り分けていくことを減価償却といい、その費用のことを減価償却費といいます。弥生会計 オンラインでは固定資産の基本情報を登録すると、本年度に振り分ける減価償却費の金額が自動計算されるようになっています。

1 メインメニューの「決算」の「Step1 減価償却費の計算」にある**[減価償却費を計算する]**ボタンをクリックすると、**[固定資産の一覧]**画面が表示されます。

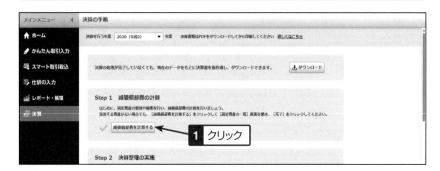

2 まだ登録されていない固定資産がある場合は、**[新規登録]**ボタンをクリックして、新規登録をします。

次の固定資産を購入した例をもとに、操作方法を解説します。

<入力例>4月1日にパソコン132,000円（内消費税等12,000円）を現金で購入した。

※設定により項目が異なる場合があります。例では消費税の課税事業者で税抜経理の場合で説明します。

1 「資産の種類」を**[固定資産]**か**[繰延資産]**を選択し、**[次へ]**ボタンをクリックします。

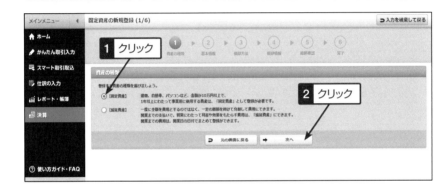

2 基本情報の「科目」は、該当する固定資産の勘定科目を選択します。どの勘定科目に該当するかは、選択リストに表示される説明が参考になります。「資産の名称」は、どのような固定資産を購入したかわかるような名前を入力します。「面積又は数量」は、面積または数量を入力し、単位を選択します。

3 「取得方法」は、**[当年度に新しく購入した] [前年度以前に購入した、保有し
ていた] [当年度の開業時に保有していた]** のうちから選択します。どれを選択
したかによって、その先に設定する項目が変わります。「取得日」は、固定資産
を購入した日を入力します。「/（スラッシュ）」の部分は入力せず、年月日の数
字部分のみの入力になります。日付は入力のほか、カレンダーアイコンからク
リックして日付を選択することもできます。

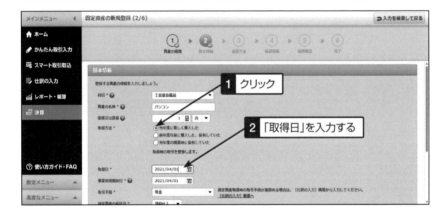

4 「事業供用開始日」は、購入した固定資産を事業で使い始めた日を入力し
ます。取得日を入力すると、同じ日が自動で入力されます。取得日と異なる場
合のみ、日付を入力し直します。「取引手段」は、固定資産の購入手段を選択
します。

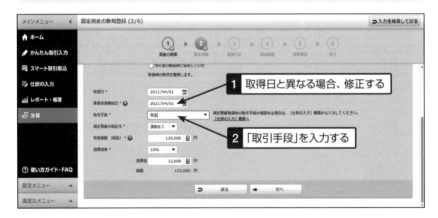

7 決算作業を行ってみよう

5 「固定資産の税区分」は、税区分を選択します。購入した固定資産に消費税がかかっているようであれば「課税仕入」、かかっていないようであれば「対象外」を選択します。消費税がかかっているかどうかは購入した際の領収書等で確認しましょう。

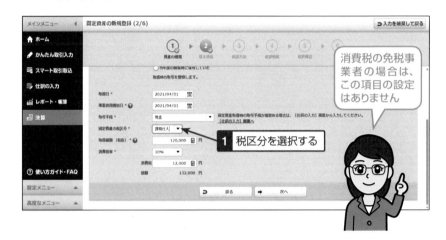

6 「取得価額（税抜）」（税込経理の場合は「取得価額（税込）」）は、購入した固定資産の税抜金額を入力します。消費税がかかっている場合、支払った金額には消費税が含まれています。領収書等で税抜金額が確認できるようであればその金額を、あるいは支払った金額から消費税を引いて税抜金額を計算します。なお、消費税の免税事業者または税込経理の場合は、税込金額を入力します。

7 「消費税」は、消費税の金額です。取得価額を入力すると自動で計算されます。円未満の端数処理で、領収書等に記載されている金額と異なる場合は、領収書等に合わせて金額を入力し直します。「総額」の金額が合っているかを確認し、**[次へ]** ボタンをクリックします。なお、消費税の免税事業者の場合は、この項目の設定はありません。

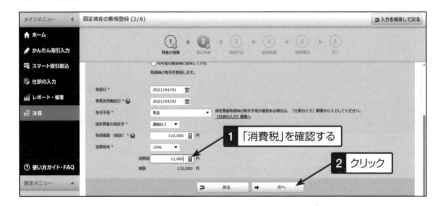

8 「減価償却資産の償却方法の届出書」を提出している場合は、その償却方法を選択し、**[次へ]** ボタンをクリックします。提出をしていない場合は、法定償却方法を選択します。

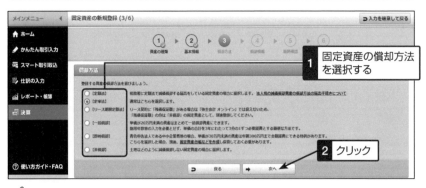

📝 法定償却方法

　法定償却方法は資産の種類によって異なります。例えば建物や構築物は定額法、車両運搬具や工具器具備品は「定率法」となります（取得した年によって異なる場合があります）。他にも、条件を満たせば「一括償却」「即時償却」といった償却方法を選択できます。

縦書き左余白：7 決算作業を行ってみよう

9 償却情報の「定率法償却方法」は、定率法について経過措置の適用を受ける場合に変更します。経過措置の適用を受けるには、届出が必要になる場合があります。なお、償却方法が定率法の場合のみの設定項目です。

10 弥生会計 オンラインから調べる場合は、[耐用年数表へ]をクリックすると減価償却資産の耐用年数表を参照することができます。

11 「本年度中の償却期間」は、本年度に使用していた月数を入力します。事業供用開始日からこの月数は自動計算されます。「普通償却費」は、本年度で振り分ける費用の金額です。自動計算されますが、必要に応じて任意で金額を変更することもできます。

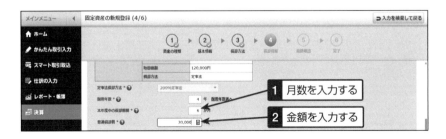

7

決算作業を行ってみよう

12 「特別償却費」は、特別償却の適用を受けている場合に入力します。「摘要」
は、特別な事情があれば入力します。入力が終われば、**[次へ]** ボタンをクリッ
クします。

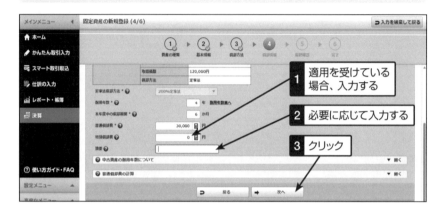

13 内容を最終確認して、間違いが無ければ **[登録]** ボタンをクリックします。

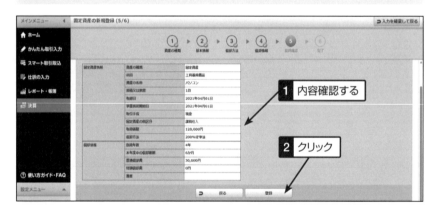

14 完了画面が表示され、登録できたら、**[元の画面に戻る]** ボタンをクリックし
ます。

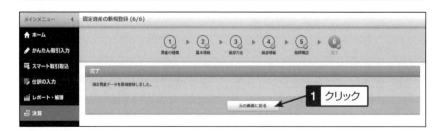

固定資産の一覧の確認とダウンロード

固定資産の一覧は台帳としてダウンロードすることができます。

■ 固定資産の一覧のダウンロード

「固定資産の一覧」画面に登録した固定資産が表示されます。ダウンロードした台帳は印刷やPDFファイルで保存することができます。

1 ダウンロードするには、**[固定資産台帳ダウンロード]** ボタンをクリックします。

2 固定資産台帳ダウンロード画面が表示されるので、**[償却済の固定資産を出力する]** にチェックを付け、**[ダウンロード]** ボタンをクリックします。

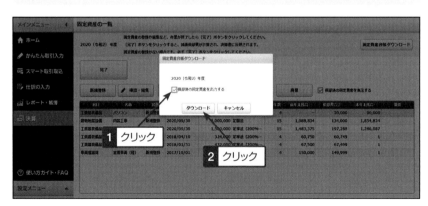

▼ダウンロードした固定資産台帳の例

3 固定資産の登録や編集など、作業が終了したら**[完了]**ボタンをクリックします。確認画面が表示され**[はい]**をクリックすると、減価償却の仕訳が自動作成されます。

決算作業を行ってみよう

7

1
2
3
4
5
6

■ 減価償却費の確認

　計上された減価償却費の金額を確認する場合は、残高試算表の画面で確認します。残高試算表については第6章で触れています。

1 仕訳で確認する場合は、「仕訳の入力」画面で**[絞り込み]**ボタンをクリックし、**[決算整理仕訳]**で**[のみ表示]**を選択して**[検索]**ボタンをクリックします。

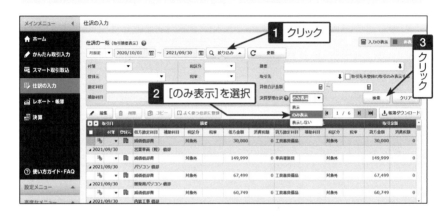

2 「固定資産の一覧」画面で登録した固定資産は、その取得の仕訳が自動で作成されます。

1 内容を確認する

この仕訳は、「仕訳の入力」画面では編集や削除はできません

7
決算作業を行ってみよう

42 決算整理をしよう

　決算処理の時には、「事業にかかるもののみ」「その会計期間に発生したもののみ」「費用は収益に対応したもの」「発生が予想される費用はこれに備え考慮する」などの点に気を付けながら決算整理仕訳を行います。決算整理仕訳を事前に行っておくとスムーズに決算整理の実施ができます。

■ 決算整理の実施

　決算整理の実施では、決算整理の確認をします。減価償却は「減価償却費の計算」で仕訳が作成されますが、それ以外の決算整理仕訳は「仕訳の入力」画面で入力します。

1　決算整理仕訳の入力は、日々の仕訳の入力とほとんど同じですが、**[決算整理仕訳]**のチェックボックスにチェックを付けます。次の例は棚卸ですが、費用の見越しや繰延べ、貸倒引当金の設定など、必要な仕訳を入力し、**[登録]**ボタンをクリックします。

2　メインメニューの「決算」の「Step2 決算整理の実施」にある**[開始]**ボタンをクリックします。

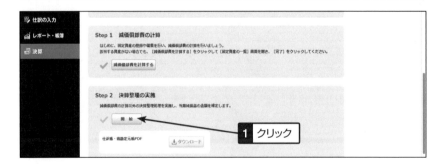

3 「1.決算整理仕訳」画面が表示されます。「はじめに」の「売上原価の計算」では、消費税・法人税の処理をする前にあらかじめ確認しておくことが記載されています。問題が無ければ「決算整理仕訳の登録確認」で**［はい］**を選択し、**［保存して次へ］**ボタンをクリックします。

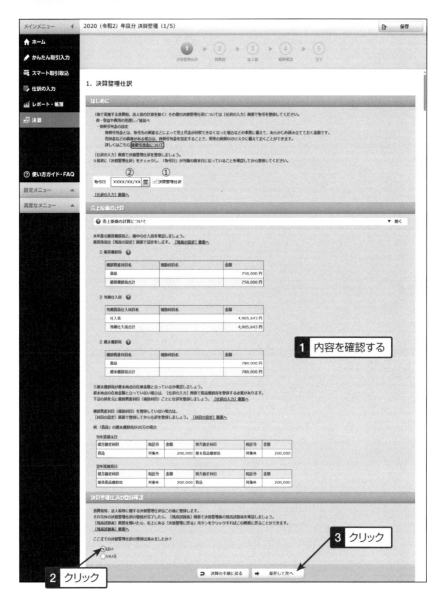

1 内容を確認する

2 クリック

3 クリック

4 「2.消費税」画面が表示されます。消費税の申告書は、弥生会計 オンラインでは対応していませんので、国税庁の手引きなどを参考に別途作成が必要となります。申告書作成後、確定消費税額をもとに、消費税の決算整理仕訳を入力します。入力が終われば、**[はい]**を選択して、**[保存して次へ]**ボタンをクリックします。

7 決算作業を行ってみよう

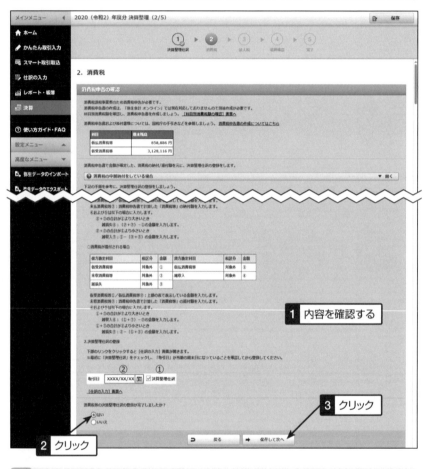

5 「3.法人税」画面が表示されます。法人税の申告書は弥生会計 オンラインでは作成できません。国税庁の手引きなどを参考に別途作成が必要になります。申告書作成後、確定法人税額をもとに、法人税の決算整理仕訳を入力します。入力が終われば、**[はい]**を選択して、**[保存して次へ]**ボタンをクリックします。

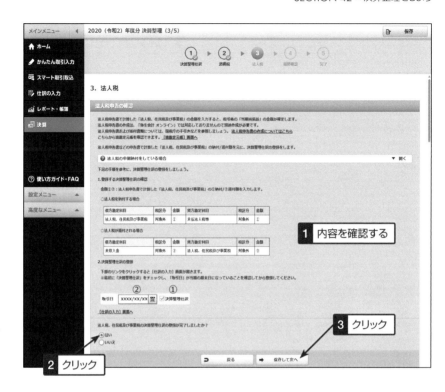

6 「4.最終確認」画面が表示されたら、金額を確認し、[**完了**]ボタンをクリックします。

SECTION

43 決算書を作成してみよう

貸借対照表や損益計算書などの決算書を作成します。

■ 決算書作成メニューの選択

1 メインメニューの「決算」の「Step3 決算書の作成」にある**[開始]**ボタンを
クリックすると、「決算書の作成」画面が表示されます。

2 「会社形態の選択」では、**[株式会社]**か**[合同会社]**を選択します。

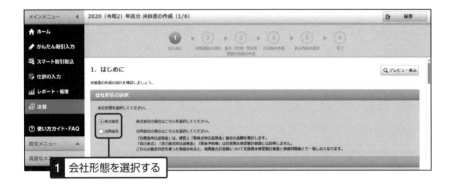

7

決算作業を行ってみよう

3 「はじめに」では、弥生会計 オンラインで作成できる決算書についての説明が記載されています。

4 「決算書作成の流れ」では、決算書を作成する流れを確認できます。

5 「作成する決算書の選択」では、表紙の有無、損益計算書の作成方法、注
記表の有無を選択し、[**保存して次へ**]ボタンをクリックします。

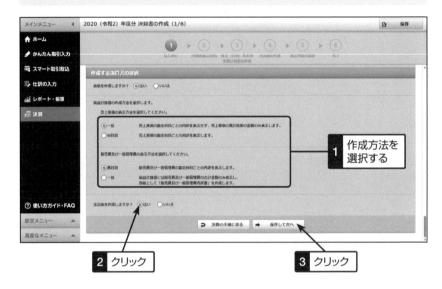

■ 決算書の表示項目

　複数の勘定科目を決算書では、まとめて1つの項目として表示する設定で
す。「現金」や「普通預金」などの勘定科目を、「現金及び預金」として決算書で
は表示させるといった設定になります。

1 まとめたい勘定科目がある場合は、対象の勘定科目名の左側にあるチェックボックスをクリックし、**[表示をまとめる]**ボタンをクリックします。

2 「決算書の表示科目」がまとまって1つになり、「対応する勘定科目」に選択した勘定科目が表示されます。表示科目を整えたら、**[保存して次へ]**ボタンをクリックします。

表示科目が1つになる

「決算書の表示科目」の名称は任意に変更することができます

■ 株主（社員）資本等変動計算書の作成

純資産の動きについて、変動事由を入力します。

1 変動事由を入力し、**[保存して次へ]**ボタンをクリックします。

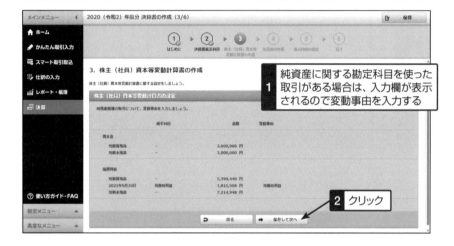

純資産に関する勘定科目を使った取引がある場合は、入力欄が表示されるので変動事由を入力する

■ 注記表の作成

注記表の記載の有無や記載する内容を入力します。

1 注記表に記載する内容を入力し、**[保存して次へ]**ボタンをクリックします。

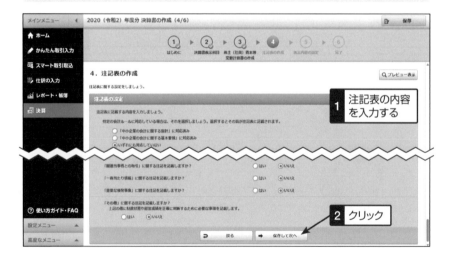

注記表の内容を入力する

■ 表示内容の設定

表紙の設定、書式、会社情報の設定をします。

1 表示内容の設定を入力し、**[完了]**ボタンをクリックします。

📝 書類の保存期間

　法人の会計帳簿の保存は、会社法では10年と定められており、税法上では7年と定められています。主な保存書類は、帳簿では、例えば総勘定元帳、仕訳帳、現金出納帳、売掛金元帳、買掛金元帳、固定資産台帳、売上帳、仕入帳あります。また棚卸表、貸借対照表、損益計算書、注文書、契約書、領収書なども保存が必要な書類となります。

> 平成28年度の税制改正により、欠損金の発生した事業年度においては、帳簿書類の保存期間が10年間となりました

索引 INDEX

■著者紹介

株式会社スリーエス　スリーエスグループは、1980年に公認会計士・税理士事務所として創業。個人・法人を合わせて1,000社以上のお客様に支持されている。株式会社スリーエスは事業を担う企業として、会計業務の可視化や業務システムの導入支援等を実施。その中でも弥生製品の導入支援を行った企業は5,000社以上。また、国税局をはじめとした会計ソフトを利用した各種団体セミナーも開催。

編集担当： 西方洋一 / カバーデザイン ： 秋田勘助（オフィス・エドモント）

●**特典がいっぱいのWeb読者アンケートのお知らせ**

C&R研究所ではWeb読者アンケートを実施しています。アンケートにお答えいただいた方の中から、抽選でステキなプレゼントが当たります。詳しくは次のURLのトップページ左下のWeb読者アンケート専用バナーをクリックし、アンケートページをご覧ください。

C&R研究所のホームページ **https : //www.c-r.com/**

携帯電話からのご応募は、右のQRコードをご利用ください。

はじめて使う 弥生会計オンライン

2022年2月1日　　第1刷発行
2022年8月1日　　第3刷発行

著　者　　株式会社スリーエス

発行者　　池田武人

発行所　　株式会社　シーアンドアール研究所
　　　　　新潟県新潟市北区西名目所4083-6（〒950-3122）
　　　　　電話　025-259-4293　　FAX　025-258-2801

ISBN978-4-86354-345-4　C3055